Manfred Frust
Silvia Huth
Peter Sandbiller

Not macht erfinderisch

Uhrmacher- Drehbank
Der Antrieb erfolgte hier über
eine elektrisch angetriebene
Transmissionswelle an der Decke.

Manfred Frust
Silvia Huth
Peter Sandbiller

Not macht erfinderisch

Ein Jahrtausend Arbeit im Schwarzwald

Ein Ausflugsführer

Silberburg-Verlag

Die Autoren:
Silvia Huth stammt aus Niederbayern, **Manfred Frust** wurde 1947 in Selb geboren. In Karlsruhe haben sich die »zwei Bayern in Baden« kennengelernt. Das Journalistenehepaar lebt seither im Landkreis Rastatt und erforscht mit Neugierde und Begeisterung die Region.

Der Fotograf:
Peter Sandbiller, geboren 1962 in Koblenz, arbeitet seit 1988 als freiberuflicher Fotograf für zahlreiche Tageszeitungen und Verlage. Seit 1991 ist er auf Luftbildfotografie spezialisiert. Er lebt in Karlsruhe.

1. Auflage 2010

Umschlaggestaltung:
Christoph Wöhler, Tübingen,
unter Verwendung einer Fotografie
von Peter Sandbiller.
Druck: Gulde-Druck, Tübingen.
Printed in Germany.

ISBN 978-3-87407-894-8

Besuchen Sie uns im Internet
und entdecken Sie die Vielfalt
unseres Verlagsprogramms:
www.silberburg.de

Inhalt

Zeitreise im Schwarzwald

Idylle im Kartenständer

Kuckucksuhr und Bollenhut sind nicht umsonst Symbole für den Schwarzwald. Sie stehen auch dafür, wie die Menschen in den Bergen ihr Brot verdient haben. Uhren und Strohhüte brachten Geld in Taglöhnerhütten und Kleinstädte, Spinnrad und Webstuhl gaben jahrhundertelang in zahllosen Wohnstuben den Takt an.

Die Wirtschaftsgeschichte des Schwarzwalds ist kontrastreich und spannungsgeladen: Während Feudalherren, Klöster und Kapitalisten mit Bergbau und Schwerindustrie, Holzhandel, Glas- und Textilfabriken reich werden, sammelt der Schwarzwaldbauer 1000 Jahre Erfahrung als Nebenerwerbslandwirt und Tausende von Heimarbeitern fertigen Luxusartikel für Bürger und Adel an. »Not macht erfinderisch« – das trifft im Schwarzwald besonders zu: In Waldachtal erfindet der Kriegsheimkehrer Artur Fischer 1946 einen elektrischen Feueranzünder als Tauschobjekt für Butter und Speck und zwölf Jahre später den Kunststoffdübel, der heute aus keinem Heimwerkermarkt mehr wegzudenken ist. Viele andere Tüftler und Erfinder, die im Schwarzwald den Grundstein für wichtige Wirtschaftszweige und Weltunternehmen der Gegenwart gelegt haben, sind dagegen namenlos geblieben.

»Diese großen ›kleinen Leute‹ dachten und erfanden in einsamen Hütten bei Milch und Haferbrot. Sie

Über 3000 Ausstellungsstücke, meist Spenden und Leihgaben der Bürger, warten unter dem schindelgedeckten Dach des Heimatmuseums in Todtmoos auf Besucher. Die Themen reichen von der Todtmooser Wallfahrt bis zu Bergbau und Glasbläserei.

machten keinen Spektakel in der Welt, erfüllten diese nicht mit Krieg und Kriegsgeschrei ... drum sind sie vergessen und versunken ...« bedauert der Volksschriftsteller Heinrich Hansjakob, der ihnen Ende des 19. Jahrhunderts ein literarisches Denkmal gesetzt hat.

Aber er hat Zeitgenossen wie den Lenzkircher Uhrenfabrikanten Oskar Spiegelhalder, von dem es heißt: »Kein alter Nachttopf, keine Spanschachtel war vor ihm sicher.« Spiegelhalder sammelt über 10 000 Alltagsobjekte, die heute in den großen Regionalmuseen die vielfältige Arbeitswelt ihrer Zeit dokumentieren. Noch älter ist die Sammlung der Furtwanger Uhrmacherschule: In den 1850er-Jahren trägt sie historische Schwarzwalduhren und »moderne« Anschauungsstücke für ihre Schüler zusammen – daraus ist das einzigartige Deutsche Uhrenmuseum entstanden.

Ein ganz besonderer Sammler war Hermann Schilli: Er hat Häuser »gesammelt«, Jahrhundertealte Bauernhöfe vor dem Abriss bewahrt und 1963 das Freilichtmuseum »Vogtsbauernhof« in Gutach gegründet. Jedes Jahr zieht es eine Viertelmillion Besucher an – mehr als die meisten der prachtvollen Schlösser im Land. Das Alltagsleben der Vergangenheit fasziniert den modernen Menschen – sonst hätten nicht sechs Millionen Fernsehzuschauer verfolgt, wie eine Familie des 21. Jahrhunderts auf dem Münstertäler »Schwarzwaldhof 1902« zurechtkommt.

Preisgekrönt kam die originelle Karakuri-Drehorgel der Firma Jäger & Brommer von der Expo 2005 in Japan in den Waldkircher Orgelbauersaal zurück. Über kleine Handpumpen kann man hier sogar selbst auf Triangel, Becken oder Trommel mitspielen.

Lange Zeit wurde der »alte Krempel« vom Dachboden auf dem Trödel verramscht, der verwaiste Bauernhof und die leer stehende Fabrikhalle als »Schandfleck« beseitigt. Aber viele Menschen im Schwarzwald haben darin einen Teil ihrer Kulturgeschichte erkannt: Vereine, Kommunen und Privatleute richten historische Höfe und Mühlen liebevoll als Museen oder Orte für Kulturveranstaltungen her. Sie erhalten und reaktivieren historische Technik und Handwerkskunst, öffnen in ehrenamtlicher Schwerstarbeit jahrhundertealte Bergwerke, steigen als moderne Flößer für ihr ausgestorbenes Gewerbe ins kalte Wasser und sogar Industriebetriebe richten eigene Museen ein. Alte Branchen leben wieder: Glasbläser haben sich angesiedelt und in Waldkirch werden Drehorgeln gebaut wie vor 200 Jahren.

Der Schwarzwald lädt ein zu einer Zeitreise durch 1000 Jahre Wirtschaft und Arbeit. Dieses Buch will dabei als Wegweiser dienen. Es will den Blick dafür schärfen, wie Landwirtschaft, Holzhandel und Glashütten die Landschaft geformt haben oder wie Rinder und Schafe im Dienst von Naturschutz und Tourismus den Bauern neue Überlebenschancen bieten. Natürlich geben wir auch Tipps für eigene Entdeckungen vor allem in den beachtlichen kleinen Heimat- und Bauernhofmuseen, die oft erst in den letzten Jahren ins Leben gerufen wurden.

Eine kleine Gebrauchsanweisung

Die Namen der Orte, in denen Museen und Erlebnisangebote ein Thema vertiefen, sind im jeweiligen Kapitel durch den Druck hervorgehoben. Im Serviceteil am Ende des Buches finden Sie dazu Telefonnummern, E-Mail- und Internet-Adressen für Informationen über Öffnungszeiten, Eintrittspreise und Anfahrtswege. Viele kleine Museen werden von ehrenamtlichen Helfern betreut und sind oft nur wenige Stunden geöffnet. Man sollte sich deshalb unbedingt vorher erkundigen, zumal Führungen oft auch auf Anfrage möglich sind.

Erstklassige Anlaufstellen im Internet sind die Seiten der Naturparks Südschwarzwald und Schwarzwald Mitte/Nord mit Angeboten von Erlebniswanderungen und Fahrradtouren bis zu Naturparkwirten, Bauernmärkten und der Schwarzwälder »Käseroute«.

Links: Ein Jahrhundert nach dem Ende des Königlich Württembergischen Eisenerzbergwerks haben Neuenbürger Freizeitknappen die »Frischglück«-Grube eröffnet. Nie gefunden wurde der legendäre Stollen, den König Friedrich höchstpersönlich befahren hatte. Rechts: Mit Hilfe des Naturparks Südschwarzwald vermarkten Bauern ihren Käse auf der »Schwarzwälder Käseroute«. Der Bioland-Betrieb auf dem historischen Mathislehof bei Oberzarten züchtet in 1000 Metern Höhe Freilandschweine und Vorderwälderrinder.

Spurensuche

Vorbei am Viergötterstein einer Jupitergigantensäule führt ein Steg in Pforzheims »Archäologischem Schauplatz Kappelhof« durch 1900 Jahre Siedlungsgeschichte.

Die Spuren der ersten Menschen im Schwarzwald sind ein Fall für Archäologen und Museen: Das 7000 Jahre alte Bergbaurevier bei **Sulzburg**, das älteste in Deutschland, oder der »keltische Ruhrpott« bei Neuenbürg, wo vor 2500 Jahren Erz geschürft und Eisen gewonnen wurde. Ähnlich alt sind der Grabhügel im Krautbühl bei **Nagold** und die Grabkammer im Magdalenenberg, der Stolz des **Villinger** Franziskanermuseums.

Bei Zarten nahe **Freiburg** hat man 1987 das geheimnisumwitterte »Tarodunum« entdeckt, das im 2. Jahrhundert nach Christus auf einer Weltkarte des griechischen Geografen Ptolemaios erscheint. Keramik- und Bernsteinfunde in der versunkenen keltischen Stadt weisen auf überregionale Handelsbeziehungen hin, eisenhaltige Schlacken auf Bergbau oder Eisenverhüttung.

Tiefere Spuren hinterlassen die Römer in mehr als drei Jahrhunderten rings um den Schwarzwald, dessen Inneres sie aber weitgehend meiden. Kastelle wie **Hüfingen** sichern die Grenze, dazu Legionslager in Straßburg, Kaiseraugst und Windisch. Von der Hauptstraße im Rheintal zweigt ein Weg über **Pforzheim** und zum Neckar ab, eine Heerstraße durch das Kinzigtal verbindet die Straßburger Legion mit **Rottweil**, der Neckarmetropole mit Theatern, Tempeln und

Links: Mönche des mächtigen Benediktinerklosters St. Blasien besiedeln 1095 das neue Kloster in Alpirsbach. Neben der romanischen Abtei laden die Klosterbrauerei und das Museum »Mönche und Scholaren« zum Besuch ein. Rechts: Seit dem 13. Jahrhundert thront das Alte Schloss als Schutzburg über den Fachwerkhäusern der Altensteiger Altstadt. Die »Deutsche Fachwerkstraße« führt durch Calw, Altensteig, Dornstetten, Schiltach und Haslach.

Wohnvierteln, wo einheimische Kelten neben römischen Veteranen und gallischen Siedlern leben.

Gutshöfe versorgen Stützpunkte und Städte, die Römer bauen Wein, Obst und Kastanien an, fördern Eisenerz, Silber und Blei und errichten luxuriöse Thermen in **Badenweiler** und **Baden-Baden**.

Vom 3. Jahrhundert an erobern die Alemannen den Südwesten: Dutzende von Dörfern mit der typischen Namensendung »-ingen« erinnern an sie, aber auch die Grabfunde bei **Loßburg** und rätselhafte Höhensiedlungen wie auf dem Geißkopf bei Offenburg und dem Zähringer Burgberg bei Freiburg, dessen Kuppe sie mit unvorstellbarem Aufwand zu einem künstlichen Plateau umformen. Nach dem Siegeszug der Franken ziehen sich die Alemannen Ende des 5. Jahrhunderts südlich einer Linie zurück, die den Schwarzwald bei Baden-Baden von West nach Ost durchschneidet. An der fränkisch-alemannischen Stammesgrenze scheiden sich bis heute Dialekt und Fasnetsbräuche ebenso wie die Architektur historischer Häuser.

Zu Beginn des zweiten Jahrtausends werden mächtige Schwarzwaldklöster zu Brückenköpfen der Zivilisation, von denen aus der

Links: Typisch Schwarzwald: Umschlossen vom Wald liegen diese Höfe bei Elzach-Oberprechtal inmitten ihrer Äcker, Weiden und Streuobstwiesen. Rechts: Der Hof im Linachtal steht abseits der Straße an der Talkante.

Mensch auch in die Höhen vordringt. Die mittelalterliche Besiedlung des Gebirges kann man auf einer Fahrt durch den Schwarzwald bis heute verfolgen. In den Flusstälern entstehen wohlhabende Markt- und Handwerkerstädte, weiter im Wald planvoll angelegte Bauernsiedlungen: In Waldhufendörfern wie **Engelsbrand-Salmbach** oder Beinberg bei **Bad Liebenzell** stehen die Höfe wie an einer Perlenschnur an der Talstraße. Dahinter reicht ihr Wirtschaftsland, die »Hufe«, als schmaler Streifen bis hinauf zum Kamm. Oft ist es auf beide Seiten des Tals verteilt: So hatte jeder Kolonist Wasser, Wiese, Feld und Wald auf der Winter- wie auch auf der Sommerseite.

Auf den kargen Schwarzwaldhöhen, wo die Bauern weniger vom Ackerbau als von Vieh und Holz leben, brauchen die Höfe sehr viel mehr Grund und liegen deshalb weit verteilt. Dörfer wie Prechtal im Elztal sind mehrere Kilometer lang. Die Höfe stehen nicht auf der Feuchtwiese im Talgrund, wo das wertvolle Winterheu wächst, sondern an der trockenen Talkante. Darüber erstrecken sich die Äcker und oben am Hang Weide und Wald.

Stattliche Einzelgehöfte fallen im mittleren und in Teilen des südlichen Schwarzwalds auf: Sie haben sich dank des Anerbenrechts erhalten, bei dem ein Nachkomme allein den ganzen Hof erbt. Es gilt in Baden-Württemberg bis heute für jene ursprünglich 5000 Höfe, die 1888 als »geschlossene Hofgüter« registriert wurden.

Unterm Walmdach

Der einsame Bauernhof mit dem markanten Walmdach ist Symbol des Schwarzwalds, Fotomotiv und Imageträger der Tourismuswerbung. In erster Linie aber ist er ein genialer Zweckbau: Unter dem stroh- oder schindelgedeckten Dach müssen Mensch, Vieh und Ernte die langen Winter überstehen. Auf der Windseite reicht es fast bis zum Boden und hält gewaltigen Schneelasten und Orkanstürmen stand – ein Modell des **Münstertäler** Kaltwasserhofs, des »Schwarzwaldhofs 1902«, hat selbst dem Härtetest im Windkanal getrotzt. Die Bauweise der ältesten Höfe, der »Heidenhäuser«, geht bis in die Bronzezeit zurück: Gewal-

Doppelt geschützt vor Kälte und Sturm duckt sich das »Hotzenhaus« unter sein tief heruntergezogenes Strohdach. Tür und Fenster führen in den ringsum verlaufenden Hausgang, die Stuben dahinter sind dunkel und eng.

tige Baumstämme reichen vom Fundament bis zum First und tragen die Last des riesigen Dachs.

»Kunst« heißt die Heizung der alten Höfe wie dem Schneiderhof in **Steinen**: Der Küchenherd beheizt den Nebenofen in der Stube, dessen Ofenbank auch im Frühjahr und Herbst angenehm warm ist, und die Stubenwärme steigt durch einen Schacht in die Schlafkammer im Obergeschoss. Häuser wie der 400 Jahre alte Segerhof in **Wembach** haben keinen Kamin: Der Rauch streicht über die zum Räuchern aufgehängten Schinken und Würste, trocknet die Ernte, vertreibt Ungeziefer und konserviert beim Entweichen das Strohdach, das oft zwei Menschengenerationen überlebt. Wie in **Zell am Harmersbach** hält ein kalter Bach im »Brunnenhiesli« Milch, Käse und Butter frisch.

Etwas Besonderes ist das »Hotzenhaus«: Der Hausgang hinter dem vorgelagerten »Schild« umschließt die Innenräume. So sind Küche und Stube zwar stets düster, aber auch warm. Das Hotzenhaus ist eine aussterbende Art. Der fast 600 Jahre alte

Über 400 Jahre alt ist der Hippenseppenhof im Gutacher Freilichtmuseum. Unter dem 700 Quadratmeter großen Dach des »Heidenhauses« aus dem Raum Furtwangen waren die Schlafstuben und der Heuboden, von dem aus das Heu durch Luken direkt in den Stall geworfen wurde.

Der Vogtsbauernhof ist die Keimzelle des Schwarzwälder Freilichtmuseums. Der 1612 erbaute Hof wurde 1964 als erstes Museumsgebäude für Besucher geöffnet.

Klausenhof in **Herrischried** ist als Freilichtmuseum vor dem Verfall gerettet, in Murg-Zechenwihl kämpfen die Bürger noch um den Erhalt »ihres« Hotzenhauses – auf einer Murgtalwanderung haben 700 Menschen gemeinsam das Badnerlied geübt und damit eine Wette zur Anschubfinanzierung gewonnen.

Höfe aus vielen Epochen und Regionen, vom Hotzenwald bis zum Kinzigtal, vereint das **Gutacher** Freilichtmuseum »Vogtsbauernhof«, dazu Taglöhnerhäusle, Hofkapelle, Speicher, Back- und Brennhaus, Mühlen, Hammerschmieden und Sägen. Mit etwas Muße lohnen sich aber Ausflüge zu jahrhundertealten Höfen, die liebevoll als kleine Museen restauriert wurden. In **Buchenbach**, **Lauterbach**, **Simonswald** oder **Steinach** kann man nachempfinden, wie die Menschen einst gelebt und gearbeitet haben. Überall gibt es etwas zu entdecken: Den Bauernmarkt am Freihof in **Freiamt**, die »Schneflerwerkstatt« im **Bernauer** Resenhof oder die Ochsenschädel auf dem First des **Oberrieder** Schniederlihofs, die Haus und Bewohner vor Krankheit und Blitzschlag bewahren sollten. In **Titisee** und **Stühlingen** sind historische Landmaschinen und Traktoren eingezogen.

Weil ein Nebenerwerb oft zum Überleben nötig war, gehört eine

1769 baut einer der reichsten Holzhändler im oberen Murgtal den »Waldknechtshof« aus über 500 Tannen- und Eichenstämmen. Sie sind noch völlig intakt, als Christine und Gernot Marquardt das Gut 1996 zu einem Tagungshotel umbauen lassen.

Werkstatt zu vielen Höfen. Auch »Ackerbürgerhäuser« wie in **Schiltach** sind so gebaut, dass ihre Bewohner den Verdienst aus Handwerk oder Flößerei mit einer kleinen Landwirtschaft aufbessern konnten: Im steinernen Untergeschoss sind Werkstätten sowie Ställe für Kuh, Schwein, Ziegen und Hühner, in den Stockwerken darüber die engen Wohnungen – und vor dem großen Giebelfenster hängt die Seilwinde, mit der man Heu, Stroh und Brennholz unter dem Dach verstaut.

Die Bauernhöfe des Nordschwarzwalds mit ihrem schlichten Spitzdach über den vielen winzigen Fensterchen sieht man weder im Freilichtmuseum noch in den Schwarzwaldserien des Fernsehens. In **Calw-Altburg** und **Gechingen** geben komplett eingerichtete Höfe Einblick in die Lebensverhältnisse um die Jahrhundertwende und in **Gaggenau** hat der Michelbacher Heimatverein ein 200 Jahre altes Fachwerkhaus zum Dorfmuseum hergerichtet. Das heutige Hotel »Waldknechtshof« in Baiersbronn wurde im 18. Jahrhundert von einer der reichsten Familien des oberen Murgtals gebaut: In der Blütezeit des Holzhandels durften sie als »Waldknechte« von jedem gefällten Baum ihren Anteil am »Zeichengeld«, der herrschaftlichen Gebühr für den Holzeinschlag, kassieren.

Geschichtsträchtig ist auch der Morlokhof im benachbarten Mitteltal. Als ihn Hermann Bareiss 2003 als Dependance für sein Luxushotel sanieren lässt, finden die Arbeiter unter dem Dach eine Spanschachtel mit uralten Tinkturen, Kräuterrezepten, magischen Formeln und Segenssprüchen. Sie bestätigt, was die Einheimischen schon immer ahnten: Auf dem Morlokhof haben Generationen von Wunderheilern gewirkt.

Altes Handwerk ist gefragt, wenn historische Höfe restauriert werden. Den Klausenbauernhof in **Wolfach** hat sein Eigentümer selbst instand gesetzt und zur »Kulturbaustelle« erklärt: Im Kuhstall zapft man Bier, im Kornspeicher übernachten Gäste und im Heustock stellen Künstler aus. Holzbaufirmen beherrschen wieder die Zimmermannskunst wie vor 400 Jahren – sie braucht man zum Wiederaufbau des Reinertonishofs bei **Schönwald**, der Brandstiftern zum Opfer gefallen war. »Bauen auf dem Schwarzwaldhof« ist eine heikle Sache: Der Hof soll in die Landschaft passen, aber keine Bauernfamilie kann darin leben und wirtschaften wie anno 1902. Allein moderne Stallhaltung ist unter den niedrigen Decken der historischen Höfe fast unmöglich – auf dem denkmalgeschützten Deisenhof bei Eschbronn hat man stattdessen den Stallboden tiefer gelegt.

Historische Bausubstanz muss nicht auf der Strecke bleiben, wenn Feriengäste auf dem Hof wohnen sollen: Die Renovierung des 400 Jahre alten Leibgedinghauses auf dem Ramsteinerhof bei Haslach wurde sogar mit dem Denkmalschutzpreis ausgezeichnet.

Längst vergessene Handwerkskunst ist gefragt, will man historische Schwarzwaldhöfe standesgemäß »unter die Haube« bringen wie hier den Vogtsbauernhof in Gutach.

Der Mensch und der Wald

Schätze des Waldes

Von einem »unheimlichen und undurchdringlichen Buchenwald« berichtet der römische Historiker Tacitus und noch im frühen Mittelalter wachsen in fast 1000 Metern Höhe überwiegend Buchen, ein Drittel Tannen und nur wenige Fichten. Solche Wälder sind heute selten geworden: Bei Pforzheim hat die Jagdleidenschaft der badischen Markgrafen herrliche Buchenwälder vor der Axt bewahrt und der Erlebnispfad im Wehratal windet sich zwischen Buchen, Eichen und Tannen auf den Hängen sowie Ahorn und Eschen in der Schlucht.

Eine Insel im Wald bei Seebach nahe der Schwarzwaldhochstraße.

Lange Zeit wagen sich nur Jäger und Holzfäller in den Urwald, der in alten Klosterurkunden »Nigra Silva«, also »Schwarzer Wald« heißt. Im Mittelalter erobern die ersten Siedler kleine Rodungsinseln in einem Meer aus Wald. Er sichert ihr Überleben, denn die Landwirtschaft ist karg auf den Höhen. Mit Holz bauen und heizen sie ihre Höfe, aus ihm schnitzen sie Gebrauchsgegenstände und sogar Uhren und es bringt Bargeld, wenn man es in die Städte flößt oder von wandernden Köhlern leicht transportable Holzkohle daraus machen lässt.

Doch der Wald bietet den Siedlern mehr als nur Holz: Die Jagd ist zwar den Feudalherren vorbehalten, aber Beeren, Pilze, Wildgemüse und Waldkräuter bereichern den Speisezettel, Brennnesseln ersetzen in Notzeiten das Gemüse und ihre Fasern den Flachs für das »Leinen der armen Leute«. Eine Delikatesse wird aus dem Honigtau, der heute so manches Auto auf dem Wanderparkplatz mit einer klebrigen Schicht überzieht: Blattläuse saugen ihn aus den frischen Trieben der Nadelbäume, im Bienenstock wird daraus aromatischer Tannenhonig. Gesammelt und verkauft werden auch Sauerklee und Sauerampfer, aus dem kleine Fabriken Kleesalz zum Beizen und Bleichen von Holz, Stoffen oder Strohhüten sieden. Zunderschwamm der Laubbäume dient zum Feuermachen und als blutstillendes Mittel. In dünne Platten geschnitten, eingeweicht, geknetet und gedehnt, wird er zu Kleidung und Hüten – aus einem besonders großen Exemplar soll sogar ein Talar für den Bischof von Freiburg entstanden sein. Im 19. Jahrhundert leben in Todtnau noch 70 Familien von der »Zundelmacherei«. Als das Zündholz dem Zunder das Licht ausbläst, wird in Haslach-Schnellingen die »Erste Badische Zündholzfabrik« gegründet.

An der Herthahütte nahe der Bühlerhöhe präsentiert sich der Schwarzwald als farbenprächtiger Herbstwald, so, wie er vor 1000 Jahren bis in die Höhenlagen ausgesehen haben muss.

Links: Alles aus Holz ist an diesem Bauernhof in Todtmoos. Rechts: Was heute ein beliebter Sport ist, war bis ins 20. Jahrhundert harte und gefahrvolle Winterarbeit auf den abgelegenen Schwarzwaldhöhen: Mit einer Fuhre Holz im Nacken donnert der Hornschlittenlenker zu Tal.

Kiefern- und Fichtennadeln geben im 19. Jahrhundert der Badekur das besondere Etwas. Bauernmägde im Kinzigtal sammeln sogar Nadeln für den Mannheimer Zigarrenfabrikanten Lazarus Morgenthau, berichtet Pfarrer Heinrich Hansjakob: Kinzigtäler Kiefernnadel-Öl sorgt für duftende Zigarren, Pastillen und Sirup beglücken Heldentenöre und Primadonnen. Badezusätze, Massage- und Einreibemittel mit Schwarzwälder Fichtennadelextrakt kommen im 20. Jahrhundert von der Firma PINO in Freudenstadt, bis das kleine Unternehmen von einem Branchenriesen geschluckt und geschlossen wird.

Baumrinde brauchen die Gerber für ihre »Lohe«. Noch im 2. Weltkrieg liefert ein Betrieb aus Oberwolfach dafür tonnenweise Fichtenrinde ans Militär, und Hirsau ist im 19. Jahrhundert berühmt für feinstes Saffianleder, das bis in den Orient exportiert wird. Der Profit mit Lohe und Leder wird in Städten wie **Schiltach** oder **Calw** gemacht, denen die Gerberei Wohlstand, aber auch überwältigenden Gestank bringt: Monatelang liegen die Häute in der Gerblohe, Leder für Schuhsohlen und Pferdesättel sogar jahrelang. Gesellen und Gehilfen erledigen die Schmutzarbeit, die Meister der Zunft bringen das Kapital mit, denn zur Gerberei braucht man kostspielige Technik wie die Lohmühle zum Mahlen der Rinde oder die »Walke«, die das Leder durchwalkt, bis es weich ist.

Von Schiltachs über 20 Rot- und Weißgerbern hat nur die 350 Jahre alte Sämischgerberei Trautwein überlebt. Sie ist auch Abnehmer für Felle der Ziegen, die heute als »Landschaftspfleger« im Schwarzwald grasen. Die »Kofferfabrik Schäuble« in **Kuppenheim** existiert nur noch im Heimatmuseum.

Ein duftender Schatz fließt aus den Wunden verletzter Bäume: Harz ist ein begehrter Rohstoff für Kienöl, Terpentin und Kolophonium, Grundstoff für Lack und Farben, unentbehrlich für Handwerk und Schiffbau.

Die Harzsammler richten auch beträchtlichen Schaden im Wald an, weil die verletzten Stämme verfaulen und absterben – Ende des 18. Jahr-

»Gerbersau« nennt der Schriftsteller Hermann Hesse seine Geburtsstadt Calw in seinen Erinnerungen. Als »stiller Teilhaber« ist er immer dabei, wenn auf der Nikolausbrücke über die Nagold wichtige Dinge diskutiert werden.

Im »Schüttesägemuseum« von Schiltach, der Stadt der Gerber und Flößer.

hunderts soll man im Kinzigtal nahezu 100 000 kranke Fichten gezählt haben. Das Harzen ist ein Privileg der Grundherren, die es als Lehen vergeben und nur in unerschlossenen Wäldern zulassen, deren Holz ohnehin nicht zu vermarkten ist. Unbefugtes Harzen wird streng bestraft, aber die Menschen sind arm ...

Enzklösterles historische Rußhütte ist heute ein »Kulturdenkmal der deutschen Chemiegeschichte«, einst war sie eine von vielen ihrer Art im Schwarzwald. Beim Verbrennen von Reisig und harzhaltigem Holz filtert ihr ausgeklügeltes System den begehrten Kienruß aus: Die gröbsten Teilchen sinken zu Boden – aus ihnen wird Ofen- und Stiefelwichse. Leichtere Partikel für Ölfarbe und Druckerschwärze haften an den Wänden, der feinste Ruß für hochwertige Zeichentusche fängt sich in Tüchern über dem Abzugloch.

Nahe Verwandte der Rußhütte sind Pech-, Teer-, Schmier- oder Salbeöfen. Sie erhitzen Wurzelstöcke oder Zapfen, bis das Harz darin flüssig wird. So gewinnt man »Teerwasser« für die Gerberei, Kienöl für Chemie und Pharmazie, Kienteer und zuletzt Pech, Dichtmittel für den Schiffsrumpf und »Karrensalbe« fürs Wagenrad. Für sie zahlt der Postkutschenreisende »Schmiergeld«: Damit alles rund läuft unterwegs.

Flächenbrand und Kahlschlag

Im 5. Jahrhundert vor Christus gibt es auf den Höhen zwischen Nagold und Enz kaum noch naturnahe Bergwälder. Das ist das verblüffende Ergebnis vegetationsgeschichtlicher Untersuchungen über die keltische Eisenherstellung bei Neuenbürg. Zwei Jahrtausende später werden für Eisenwerke und Glashütten wieder ganze Wälder verkohlt – rund 125 Hektar jährlich für ein einziges Eisenwerk, schätzen Historiker. Holzkohle dient dabei nicht nur zum Heizen: Sie wird zusammen mit dem Erz im Ofen erhitzt, bindet den im Erz enthaltenen Sauerstoff und setzt so das Metall frei. Im Forbachtal bei **Baiersbronn** qualmen im 18. Jahrhundert über 500 Kohlemeiler. Heute gibt es dort stattdessen »Wald-Kohle-Kultur« und auch in **Dachsberg, Münstertal** und **Enzklösterle** ist der Meiler zum Ausflugsziel geworden.

Die Aschesieder der Glashütten fachen den Flächenbrand noch an – 1820 sind es über 80 rund um Freudenstadt und Neuenbürg. Asche, vor allem von Buchen, wird in großen Kesseln – Pötten – mit Wasser verrührt und eingedampft. Pottasche senkt den Schmelzpunkt des Quarzsands. Für ein Kilogramm Glas wird mehr als ein Kubikmeter Holz verbrannt, neun Zehntel davon zu Pottasche.

Auch Bauern und Hirten zündeln im Schwarzwald. Ortsnamen wie Menzenschwand, Hohloh oder Rütte zeugen von Brandrodung und der jahrhundertelang betriebenen »Reutweide«: Erst weidet das Vieh im Wald, verbeißt den Jungwuchs und düngt den Boden. Schließlich werden Büsche und Bäume »gereutet«, mitsamt der Grasdecke verbrannt und die düngende Asche in den Boden geharkt. Einige Jahre gedeiht hier Getreide, danach grast wieder das Vieh.

Getrieben von einem der mächtigsten Wasserräder Deutschlands hat Schiltachs »Schüttesäge« einst auch die stärksten Schwarzwaldbäume zerlegt.

Während Köhler, Aschesieder und Bauern den Wald verbrennen, schwimmen Millionen von Bäumen als gewaltige Flöße nach Holland oder als Brenn- und Bauholz in die Städte.

Der Kahlschlag hat fatale Folgen: Der Boden an den steilen Hängen wird weggeschwemmt und in den Tälern steigt die Hochwassergefahr. Altensteig klagt 1748, die Wälder seien »zu bloßen Einödien gemacht worden, aus denen unsere Kinder und Kindeskinder kein Scheit Holz mehr ziehen können«.

Aber auch Glas- und Eisenhütten, Köhler und Aschesieder gehen in der Energiekrise unter, als im Schwarzwald nur noch auf einem Viertel, im Süden sogar nur einem Zehntel der Fläche Wald wächst.

Der »Neue Schwarzwald«

Staatliche Aufforstungsprogramme des 19. Jahrhunderts retten den Wald, aber es ist ein anderer Schwarzwald als zu Tacitus' Zeiten: Nadelbäume herrschen vor, jedoch nicht sein Markenzeichen, die Tanne, sondern

So mögen große Teile des Südschwarzwalds im 18. Jahrhundert ausgesehen haben: Historiker schätzen, dass damals nur noch zehn Prozent der Fläche bewaldet war.

die Fichte. Sie ist beliebt bei Waldbesitzern und Holzhändlern, weil sie schnell wächst und anders als die empfindliche Tanne auch auf Kahlflächen gedeiht.

Die Fichtenplantagen jedoch werden leichte Beute von Stürmen und Schädlingen wie dem Borkenkäfer.

An Sommertagen beobachtet man im Schwarzwald oft kleine »Sandstürme« über den Wipfeln: Hubschrauber kippen tonnenweise gelblichen Staub aus. Das ist weder Dünger noch Gift, sondern feines Kalkmehl. Die Waldkalkung soll dem sauren Regen entgegenwirken, einer Ursache des Waldsterbens: Übersäuerter Boden schwächt die Bäume und macht sie anfällig gegen Dürre und Schädlinge. Teile des Schwarzwalds mit natürlich sauren Böden und viel Regen sind besonders betroffen, deshalb gehört er seit Beginn der Aufzeichnungen 1983 zu den Hauptschadensgebieten.

Die Tannen sterben als Erste, Mitte der 80er-Jahre gibt es so gut wie keine gesunde Tanne mehr. Danach überstehen sie unerwartet zählebig selbst den Dürresommer 2003. Dafür sind 2005 drei Viertel aller Eichen in Baden-Württemberg krank, mehr als die Hälfte der Buchen und Kiefern und ein Drittel der Fichten.

»Vivian« und »Wiebke« sind 1990 nur ein Vorgeschmack auf den Jahrhundertorkan »Lothar«, der am zweiten Weihnachtstag 1999 mit fast 240 Stundenkilometern über Europa rast und eine Schneise der Verwüstung durch den nördlichen und mittleren Schwarzwald zieht. Mit welcher Wucht er 100-jährige Bäume entwurzelt hat und wie der Bergwald nachwächst, zeigen »Lotharpfad« und »Wildnispfad« bei **Baiersbronn** und **Bühlertal**.

In ganz Baden-Württemberg »fällt« der Orkan mehr Holz, als sonst in mehreren Jahren eingeschlagen wird. Käme alles Sturmholz gleich-

Dicht gedrängt stehen die Bäume in den Fichtenplantagen, die seit dem 19. Jahrhundert die traditionelle Schwarzwaldtanne verdrängt haben.

Auf Leitern und Stegen führt der »Lotharpfad« an der Schwarzwaldhochstraße in ein Waldstück am Schliffkopf, das nach dem Jahrhundertorkan bewusst nicht geräumt wurde. Er ist ein Besuchermagnet geworden, jährlich begehen ihn mehr als 45 000 Menschen.

zeitig auf den Markt, würde er zusammenbrechen. Deshalb entstehen an den Forststraßen riesige Holzlager, die ständig feucht gehalten werden, damit Borkenkäfer und Pilze keine Chance haben.

Mit 8000 Hektar besitzt Baden-Baden Deutschlands größten zusammenhängenden Kommunalwald. Ein Viertel davon wälzt der Sturm nieder, der Schaden beträgt 40 Millionen Euro. Auf den Kahlflächen wächst heute Jungwald – allein die Kurstadt hat 900 000 junge Bäume gepflanzt.

Waldsterben und Orkane verändern auch die Forstwirtschaft: Naturnaher Mischwald löst die Fichtenplantagen ab, auf den Kahlflächen im Staatsforst sollen künftig dreimal so viele Laubbäume stehen wie vor dem Orkan. In der Vorbergzone bei Emmendingen bestockt man die Sturmflächen mit jungen Eichen. Dazu gehört Mut, denn davon werden erst die Ururenkel in 160 bis 200 Jahren profitieren.

Auch naturnaher Wald wächst nicht von selbst: Allein die freiwilligen Helfer des Bergwaldprojekts Forbach haben seit 1993 über 50 000 junge Buchen und Ahornbäume gepflanzt und kilometerlange Gatter und Zäune gebaut. Sie schützen die zarten Jungtannen vor dem »Waldsterben von unten« – vor Reh- und Rotwild, das sich in manchem Jagdrevier ungebremst vermehrt.

Waldwirtschaft und Waldberufen widmen sich zahlreiche Museen und Erlebnisangebote im Schwarzwald, unter anderem in **Bad Rippoldsau**, **Bad Wildbad**, **Baiersbronn**, **Enzklösterle**, **Feldberg**, **Freudenstadt**, **Gaggenau**, **Gernsbach**, **Glottertal**, **Loßburg**, **Münstertal**, **Pfalzgrafenweiler**, **Schiltach** und **Schopfheim**.

Wie der Mensch in den Schwarzwald kam

Apostel und Manager

Die Herrscher des Frankenreichs sind Christen. Mit ihrem Segen entstehen die ersten Klöster und Pfarreien rund um den Schwarzwald. Fridolin, der »Apostel des badischen Oberlandes«, gründet Säckingen am Hochrhein, sein Missionarskollege Offo Schuttern in der Ortenau. Der Kaiser stellt die jungen Klöster unter seinen Schutz und stiftet ihnen riesige Ländereien – ebenso wie den Abteien des professionellen Klostergründers Pir-

Wo der Einsiedler Trudpert der Legende nach von aufsässigen Knechten erschlagen wurde, gründen Benediktiner aus St. Gallen im 9. Jahrhundert das Kloster St. Trudpert. Sein heutiges Gesicht mit der eindrucksvollen Kuppel der neuen Klosterkirche hat ihm die »Gemeinschaft der Schwestern vom heiligen Josef« im 20. Jahrhundert gegeben.

min im 8. Jahrhundert: Reichenau, Schwarzach am Rhein und Gengenbach. Mit Kloster Ettenheimmünster demonstrieren die Straßburger Bischöfe ihre Ansprüche und ehrgeizige Adelshäuser tun es ihnen gleich: Klöster werden Brückenköpfe der Macht, um die in jener Zeit im Südwesten erbittert gerungen wird.

Der Schwarzwald riegelt Elsass und Oberrhein vom Ostteil des umkämpften Herzogtums Schwaben ab. Er wird strategisch interessant – und durch seine Bodenschätze, vor allem das Silber, auf dem die Währung des Frankenreichs ruht.

Mit Wappenschild und Urkundenrolle erinnert der Ritter auf Gengenbachs Marktplatz an die Privilegien der Freien Reichsstadt.

Silbergruben kann man nicht isoliert im Urwald betreiben: Man braucht Handwerker, Holzarbeiter und Bauern zu ihrer Versorgung. Die Besiedlung des Schwarzwalds beginnt, als die Bevölkerung in den Ebenen wächst und ein Klimawandel vom 8. Jahrhundert an Landwirtschaft auch in den Höhenlagen erlaubt. In einer Zeit, wo Lesen und Schreiben Luxus sind, findet man die besten »Manager« für das Großprojekt in den Klöstern, die auch dafür sorgen, dass die neuen Siedlungen keine sittenlosen »Wildwest-Städte« werden. Erste Wahl sind die Benediktiner mit ihrem Grundsatz »ora et labora« und fortschrittlichen Methoden in Ackerbau und Viehzucht, Forstwirtschaft, Wein- und Gartenbau. Nicht zu Unrecht nennt St. Blasiens Abt Martin Gerbert den Schwarzwald später eine »Kolonie des Benediktinerordens«.

Noch vor der Jahrtausendwende entstehen wichtige Klöster in den Bergbaurevieren in Münstertal, Waldkirch und Sulzburg. Im Gegenzug für die reichen Schenkungen ihrer frommen Stifter müssen die Mönche die Rodung des Urwalds organisieren. Die Reichsabtei Gengenbach siedelt zunächst rings um den Klosterbezirk Gesinde, Handwerker und Bauern an, die das Kloster versorgen – bis hin zur Haltung der Ziegen, aus deren Häuten Pergament für die Schreibstube gemacht wird. Auf ihren fruchtbaren Ländereien in der Ortenau und am Neckar erwirtschaftet die Abtei ihr Kapital.

1768 baut der französische Star-Architekt Michel d'Ixnard den Dom der mächtigen Benediktinerabtei St. Blasien. Mit 36 Metern Durchmesser ist seine Kuppel eine der größten in Europa.

Dort holt sie auch die Arbeitskräfte, die bis Ende des 14. Jahrhunderts das Kinzigtal und seine Seitentäler urbar machen. Meist sind es nicht erbberechtigte Bauernsöhne, die in einem zuvor bestimmten Gebiet die Bäume fällen, die klösterlichen Verwaltungsgebäude und zuletzt die Bauernhäuser bauen. Das gerodete Land wird vorerst gemeinsam bewirtschaftet und die Mönche führen Buch über die Erträge, damit die Kolonisten halbwegs gleichwertige Höfe bekommen.

Zugleich wird die Abtei zum Wirtschaftskonzern: Sie investiert in Flößerei, Glashütten und sogar in ein Kobaltwerk.

Das reichste und mächtigste Benediktinerkloster entsteht im 11. Jahrhundert im Südschwarzwald aus einer Einsiedlerzelle im abgelegenen Albtal. Neben »Beten und Arbeiten« verstehen sich **St. Blasiens** Mönche auch auf Politik: Sie stellen sich unter den Schutz der Zähringer und danach der Habsburger. 1746 erhebt Kaiserin Maria Theresia seinen Abt zum Fürstabt, der auch die weltliche Macht über weite Teile von Hotzenwald und Breisgau ausübt. St. Blasien wird einer der größten Grundbesitzer der Region und steinreich durch Abgaben der Bergbaureviere. Es gründet erfolgreiche Unternehmen wie die Brauerei Rothaus in **Grafenhausen** oder die »Waisenkasse Bonndorf«, die zweitälteste Sparkasse Deutschlands.

Anfang des 18. Jahrhunderts sind mehr als die Hälfte der Menschen in der Grafschaft Hauenstein Leibeigene des Klosters. Die Bauern im Hotzenwald, die unter den Habsburgern seit Jahrhunderten ein Selbstverwaltungsrecht ausüben, sehen mit Misstrauen, wie St. Blasien seinen Einfluss ausweitet. Unter Führung des Salpetersieders Hans Albiez kommt es 1727 zur Rebellion. Zehn Jahre später kaufen sich 11 000 Hauensteiner für fast 60 000 Gulden von der Leibeigenschaft los – Grundkapital für den Bau des berühmten Doms. Die »Salpetererkriege« enden 1755 mit der Deportation der führenden Familien nach Ungarn.

Links: Das Martinstor ist Freiburgs ältestes erhaltenes Stadttor aus dem 13. Jahrhundert. Seine stolze Höhe von 60 Metern bekam es erst 1901, als es zwischen den emporwachsenden Geschäftshäusern zu verschwinden drohte. Rechts: Hoch im Glottertal errichten die Zähringer Ende des 11. Jahrhunderts ihr Hauskloster St. Peter. Die barocke Pracht der Klosterkirche entstand erst in den 1720er-Jahren.

Links: Bad Herrenalbs »Paradies«, die Vorhalle der einstigen Abteikirche, stammt aus dem 12. Jahrhundert. Das Maßwerkfenster am Giebel zeigt, wie die Mönche das ehrwürdige Gebäude später im Stil der Spätgotik modernisiert haben. Rechts: Hoch über Gernsbach hatten die Grafen von Eberstein ihre letzte Burg. Der Markgraf von Baden ließ sie zum neugotischen Schloss umbauen. Heute beherbergt es ein elegantes Hotel mit Gourmet-Restaurant und eigenem Weinberg.

Der Schwarzwald wird verteilt

Als König und Papst im 11. Jahrhundert um die Macht kämpfen, sind ehrgeizige schwäbische Adelige die lachenden Dritten: Die papsttreuen Zähringer bringen Breisgau und Ortenau im Westen sowie die Baar im Osten in ihre Hand. Damit ein zusammenhängendes Territorium entsteht, müssen sie den Schwarzwald erschließen. Aus seinen Bodenschätzen finanzieren sie den Bau von Straßen und Burgen, gründen wichtige Städte wie Freiburg, Offenburg und Bern, bauen Villingen zur Stadt aus und Haslach zur Zentrale des Bergbaureviers im Kinzigtal. Sie sichern sich systematisch die Rechte über bedeutende Klöster, beteiligen sich an der Gründung der mächtigen Zisterzienserabtei Tennenbach bei Emmendingen und stiften ihr neues Hauskloster **St. Peter** hoch über dem Glottertal. Als Konkurrenz gründet ihr Gegner Bruno Wiesneck, der Kanzler des Kaisers, Kloster St. Märgen gleich nebenan.

Nach dem Niedergang der Zähringer und Staufer im 13. Jahrhundert übernehmen die Habsburger die Macht im Südschwarzwald. Freiburg

Verschwunden sind die gewaltige Basilika und das Renaissance-Schloss der Herzöge von Württemberg im Klosterareal, der rote »Eulenturm« ist Hirsaus Wahrzeichen, die Ruinen des Kreuzgangs stimmungsvolles Ambiente für Konzert und Theater.

unterstellt sich ihnen, wird 1457 Universitätsstadt und 1651 Hauptstadt von Vorderösterreich.

Im Streit um das restliche Zähringererbe sichern sich die Fürstenberger große Teile von Kinzig- und Wolftal sowie die Baar, die badischen Markgrafen die Südwestecke von Lörrach bis Badenweiler, das Markgräflerland.

In Acher- und Renchtal herrschen die Bischöfe von Straßburg, nördlich der Oos das Bistum Speyer. Diese Grenze macht sich die badische Markgräfinwitwe Irmengard zu Nutze, als Straßburg die Gründung des Klosters Lichtenthal bei **Baden-Baden** als Grablege der Markgrafenfamilie ablehnt: Sie lässt kurzerhand die Oos umleiten und baut ihr Kloster mit dem Segen aus Speyer.

Auch im nördlichen Schwarzwald steckt der Adel seine Positionen ab.

Das Gebiet zwischen Oos und Alb haben die Grafen von Eberstein als Lehen des Bistums Speyer. 1149 stiften sie das Zisterzienserkloster **Her-**

renalb im Albtal mit der Zweigstelle Enzklösterle sowie das Stift Frauenalb in **Marxzell**. Die Zisterzienser sind eine gute Wahl, wenn man den Schwarzwald kolonisieren will: Sie betreiben moderne Landwirtschaft, nutzen die Wasserkraft für Mühlen, Sägen und Schmiedehämmer und fördern Obst- und Weinbau, Wollhandel und Tierzucht.

Die Ebersteiner erschließen auch das Murgtal, gründen Gernsbach als Umschlagplatz für Wein, Korn und Salz und sind im 13. Jahrhundert mächtiger als die Markgrafen von Baden, die sich rund um Baden-Baden und im Norden über Ettlingen und Pforzheim ausbreiten.

Den Nordosten besiedeln die Grafen von **Calw** mit ihren Waldhufendörfern. Ihr Aureliuskloster in Hirsau lassen sie offenbar verfallen, bis 1049 Besuch aus Rom eintrifft: Papst Leo IX. legt seinem Schwager Graf Adalbert dringend den Bau eines neuen Klosters nahe. St. Peter und Paul mit seiner gewaltigen Basilika wird Zentrum einer kirchlichen Reformbewegung, nach deren Regel wichtige Schwarzwaldklöster entstehen: St. Georgen an der Brigachquelle erschließt die Region um Furtwangen und gründet Filialen in Friedenweiler und Rippoldsau. St. Gregor in **Baiersbronn**-Klosterreichenbach wird einer der größten Waldbesitzer Deutschlands.

Erben der Calwer Grafen werden die Pfalzgrafen von Tübingen, deren Einfluss im Süden bereits tief in den Schwarzwald bis zur Hornisgrinde reicht.

Nach dem Niedergang der Ebersteiner und der Tübinger bedienen sich die badischen Markgrafen und die Grafen von Württemberg aus der »Konkursmasse«. Auf württembergischem Gebiet endet die Macht der

Nach einem Großbrand 1853 ist Kloster Frauenalb über 100 Jahre lang dem Verfall preisgegeben. Inzwischen wurden Türme, Giebel und Kirchenschiff restauriert. Vielleicht findet man auch den geheimnisumwitterten unterirdischen Gang nach Bad Herrenalb wieder.

Klöster bereits mit der Reformation. Hirsau, Herrenalb und St. Georgen werden in den Kriegen des 17. Jahrhunderts zerstört, **Alpirsbach** dagegen wird berühmt für seine Brauerei.

Nachdem Napoleon das Land neu verteilt hat, sind der Großherzog von Baden und der König von Württemberg im 19. Jahrhundert die alleinigen Herren im Schwarzwald. Baden zieht den Hauptgewinn: Es schluckt die Ortenau, den Besitz der Straßburger Bischöfe, die Reichsstädte Offenburg, Gengenbach sowie Zell und das »Freie Reichstal Harmersbach«, dazu württembergisches Gebiet zwischen Hornberg und Schiltach, Gutach und den größten Teil des fürstenbergischen und vorderösterreichischen Territoriums von Freiburg bis Villingen.

Badische Beamte konfiszieren nicht nur Geld, Kunstschätze und Immobilien der Abteien: Tennenbachs Klosterkirche wird komplett abgebaut und als evangelische Ludwigskirche in Freiburg wieder aufgebaut, wo sie 1944 einem Luftangriff zum Opfer fällt. In St. Peters berühmter Bibliothek entgehen mehr als 1000 kostbare Bücher der Plünderung. Sie sind jüngst ebenso wieder

St. Blasiens berühmter Dom stürzte 1874 bei einem Großbrand ein. Das Deckengemälde von Walter Georgi in der 62 Meter hohen Kuppel entstand 1912 als Ersatz für das zerstörte Gemälde von Johann Wentzinger, das die Glorifizierung des heiligen Benedikt darstellte.

Im Barockschlösschen der Pröpste von St. Margarethen waren nacheinander eine Weberei, ein Hotel und mehrere Schulen untergebracht. Seit 1985 führt Waldkirchs Elztalmuseum den Besucher von Edelsteinschleifern über Drehorgeln zu postmodernen Musikautomaten.

aufgetaucht wie die Lektüre prominenter Sommerfrischler aus St. Blasien im ehemaligen Wilhelmiterkloster **Oberried**.

In St. Blasien entsteht ein Innovationszentrum mit Badens erster Maschinenfabrik. Hier erzeugt die erste Turbine Strom aus Wasserkraft. Mit dem Brandschutz ist es nicht weit her: Feuer zerstört Allerheiligen bei **Oppenau**, Frauenalb und sogar den Dom von **St. Blasien**, der aber schnell wieder aufgebaut wird.

Freiburgs Augustinerkloster ist zu einem bedeutenden Regionalmuseum geworden, das bis 2014 vollständig neu konzipiert wird. **Villingens** Franziskanermuseum führt den Besucher vom Grab des Keltenfürsten bis zu Kienzle-Uhren und SABA-Radios. In **Wildbergs** Dominikanerinnenkloster Maria Reuthin stehen Handwerk, Landwirtschaft und Textilgewerbe im Mittelpunkt, Orgelbau und Edelsteinschleiferei in **Waldkirch**, Uhren, Uhrenhändler und Hinterglasmalerei in **St. Märgen**.

Der Schwarzwaldbauer

Das Paradies am Schwarzwaldrand

»Römerberg« heißt Badenweilers bekannteste Weinlage, denn schon die Römer pflanzen die ersten Reben am steilen Westhang des Schwarzwalds. Hier heizt die Sonne, die Wolken regnen sich ab, nachts bringt die Luft von den Schwarzwaldhöhen Abkühlung. Auch Obstsorten aus ihrer Heimat gedeihen in dem kleinen Paradies, das die Römer in mehr als 300 Jahren am Rand des Schwarzwalds schaffen.

Später fördern die Schwarzwaldklöster den Weinbau wie andernorts

Im »Rebland« der Baden-Badener Gemeinden Varnhalt, Steinbach und Neuweier beginnt die Badische Weinstraße. Sie führt durch Ortenau und Breisgau bis zur Schweizer Grenze.

die Bierbrauerei: Wein ist eines der wenigen haltbaren Alltagsgetränke, der Weinhandel bringt Wohlstand in die Städte und sogar ins Höhengebiet: Sägemühlen liefern Rebpfähle, »Schnefler« die Weinbottiche.

Nach den verheerenden Kriegen des 17. Jahrhunderts bringt erst Markgraf Karl Friedrich den Weinbau wieder zur Blüte. 1782 führt er auf seiner Domäne in **Durbach** hochwertige Sorten und verbesserte Anbaumethoden ein, verteilt gratis Stecklinge und schickt die Winzer zur Ausbildung ins Burgund und die Champagne. Heute räumen Durbachs 300 Winzerfamilien regelmäßig die Medaillen auf den großen Weinprämiierungen ab, rekordverdächtige 600 allein Andreas Laible.

Zum Wein gesellen sich Obst und »Keschte«. Getrocknet sind die nahrhaften Kastanien ein wertvoller Wintervorrat und werden sogar in manchem »Leibgeding« als Altersversorgung des Bauern genannt. Über »Bühler Keschte« berichtet der »Lahrer Hinkende Bote« 1824, sie seien »so groß wie ein kleiner Apfel«, und »nach Lauf, Neusatz und in das Bühlertal regnete es mit holländischen Dukaten für die Kastanien, welche die Holländer kauften«. Oberweier im Murgtal heißt bis heute das »Keschtedorf«, der Gernsbacher Kastanienhain bei Schloss Eberstein ist ein beliebtes Wanderziel und die 300 Jahre alte Kastanie nahe der Ruine Fürsteneck bei Oberkirch gilt als eine der ältesten des Landes.

Schwarzwaldäpfel auf dem Weg in die Mostpresse.

Am Schwarzwaldrand wächst heute ein Drittel aller deutschen Edelkastanien, aber auch das Holz der »Ortenauer Edelkastanie« ist ein Markenartikel.

Nach der »Reblauskatastrophe« Anfang des 20. Jahrhunderts steigen viele Winzer auf Obst um, später auch Milchbauern. Am Rand des Schwarzwalds dominieren nicht Äpfel, sondern Steinobst. Eine Frühzwetschge, die man um 1840 zufällig auf dem Thesihof bei Kappelwindeck entdeckt, wird das Flaggschiff des mittelbadischen Obstbaus. Heute reifen in Baden auf einer Million Bäumen bis zu 16 000 Tonnen Zwetschgen, zentrale Drehscheibe ist der Obstgroßmarkt in Oberkirch. Kopfzerbrechen bereitet den Zwetschgenfunktionären, dass meist ältere Menschen Zwetschgen kaufen, die jüngeren aber eher Pfirsiche, Nektarinen und Aprikosen aus dem Süden.

Für die Schwarzwälder Kirschtorte hat eine schwäbische Konditorenfamilie im »gscheiten Beck« in Feldberg-Bärental ihre ersten Schnäpse gebrannt.

Unter dem Motto »Angemacht. Eingemacht. Pur« soll 2009 die Werbekampagne »Zwetty« die blaue Frucht der jungen Generation schmackhaft machen.

Ungebrochen Konjunktur hat dagegen Schwarzwaldobst im Glas. Vor Erfindung des Kühlwagens bringt der Obstbauer seine empfindlichen Kirschen ohnehin am besten in flüssiger Form auf den Markt. Die Hausbrennerei spült fette Steuern in die Kassen der Landesherren. Deshalb garantiert Straßburgs Bischof Rohan seinen Renchtäler Bauern 1726 das Brennrecht, als es ihnen die Küferzunft streitig machen will. Das traditionelle Recht der süddeutschen Klein- und Obstbrenner gilt bis heute: 300 Liter reinen Alkohol darf der Erzeuger direkt verkaufen, so lange er die Steuer abführt.

Allein in der Ortenau destillieren 7000 Hausbrennereien Kirschen, Zwetschgen, Äpfel, Birnen, Mirabellen, aber auch Waldbeeren oder das »Zibärtle«, die Schwarzwälder Wildpflaume, die wie die Schlehe erst nach dem ersten Frost richtig aromatisch wird. Brennereien sind beliebte Ausflugsziele, beispielsweise in **Bad Peterstal**, **Feldberg**, **Steinach** oder an **Nordrachs** Obstbrennerweg.

Längst nicht jeder Obstbrand fließt ins Schnapsglas: Unter dem deutschen Branntweinmonopol kauft der Staat Alkohol von den Kleinbrennern und gibt ihn als Industriealkohol an Pharma- und Chemiebetriebe ab. Der EU-Kommission ist das ein Dorn im Auge: 2010 entscheiden Rat und Parlament über die Zukunft der Schwarzwälder Kleinbrenner und auch vieler Obstbauern. Dass jährlich bis zu 25 000 Tonnen Kirschen und Zwetschgen und fünfmal so viel Äpfel und Birnen in den Destillen verschwinden, entlastet nämlich den Markt und hält die Preise für die Bauern stabil.

Das bekommt auch der Landschaft, vor allem den historischen Streuobstwiesen. Mit den großen Obstplantagen können sie zwar nicht konkurrieren, ihre hochstämmigen Sorten sind schwer zu ernten und entsprechen nicht dem modernen Massengeschmack. Aber alte Sorten wie jene am Streuobstpfad bei **Altensteig** sind ein kostbarer Genpool für die Zukunft: Weil sie aus einer Zeit ohne Pflanzenschutzmittel stammen, sind sie gut gewappnet gegen Krankheiten und Schädlinge. Wie robust sie sind, ist vielfach schon in Vergessenheit geraten: Als Unterkirnach bei Villingen in 850 Metern Höhe eine Streuobstwiese anlegt, bezweifeln Bedenkenträger, dass Obstbau in dieser Höhe überhaupt möglich ist.

Das harte Brot der Waldbauern

Aus gutem Grund werden die Schwarzwaldhöhen ganz zuletzt besiedelt: Sie sind nass, stürmisch und umso kälter, je höher man hinaufsteigt – ein halbes Grad Celsius pro 100 Höhenmeter, das sind sieben Grad von Freiburg bis zum Feldberg. Der Bauer spannt nicht im Märzen

Üppig ging es auch im Uhrmacherdorf Gütenbach in der Küche nicht zu. Am historischen Herd im Dorfmuseum würde wohl mancher Gourmetkoch verzweifeln.

Links: »Rumpf« heißen die Bienenkörbe aus Roggenstroh, die einst die Alemannen mitgebracht haben. Die Waben aus dem Rumpf herauszuschneiden, war die Aufgabe des von Hof zu Hof ziehenden »Immeschnieders«. Rechts: Wurst und Käse auf dem Weg zur Vollendung in der Rauchkammer des Untermühlbachhofs in St. Georgen-Peterzell.

an, sondern im Mai: »Hier gibt es fünf Monate Winter und sieben Monate sind kalt«, weiß der Volksmund. Wenn das Getreide in verregneten Sommern nicht reif wird, muss Grünkern den Hunger stillen: Unreif geernteter Dinkel, im Backofen gedörrt. Von Versuchen, im Ersten Weltkrieg Weizen anzupflanzen, berichtet Schömbergs Ortschronik: »Es gab nur runzelige Körner und viel Kleie«.

Obendrein sind die Tallagen oft sauer und nass, die Böden karg und die steilen Hänge schwer zu bearbeiten: »Pflüge zum Ackern bemerkt man nicht, denn die Felder müssen mit der Hacke bearbeitet werden«, notiert ein Reisender noch um 1800 im Murgtal.

Ein Segen ist die Ankunft der Kartoffel im 18. Jahrhundert. Sie könnte auf das Konto des Waldenser-Pfarrers Henri Arnaud gehen, der die Knollen 1701 in Schönenberg bei Mühlacker anpflanzt und seine Ernte an andere Waldenserflüchtlinge im Land verteilt. Viele Bauern setzen ihre Kartoffeln im Garten statt auf dem Feld: Es bleibt wertvolleren Früchten vorbehalten und auf Gartenerzeugnisse müssen sie geringere Abgaben an die Feudalherren zahlen.

Kartoffeln, Mehlspeisen, Habermus, Gersten-, Brot- oder Flädlesuppen beherrschen die Speisekarte. Im

Sommer gibt es Gemüse aus Garten und Wald, im Winter Sauerkraut. Wetterharte Obstsorten spenden Vitamine, sind als gedörrte »Schnitze« begehrte Leckerei im Winter und als Selbstgebrannter ein Extra-Energieschub bei harter Arbeit.

Frisches Fleisch kommt nur sonntags auf den Tisch, aber im Rauchfang hängen Schinken, Wurst und Speck. »Auf den Eichen wachsen die besten Schinken«, weiß man im Schwarzwald und lässt »die Sau raus«, wenn Eicheln und Bucheckern reifen. Ihre Mastbäume sind so lange vor der Axt geschützt, bis der Holzhandel mehr Profit bringt.

Auf jedem Hof und bei jeder Taglöhnerhütte steht der Bienenkorb – oft hoch an der Hauswand, damit er vor Dieben sicher ist. Honig ist der einzige Süßstoff, bevor es billigen Rübenzucker gibt, und Bienenwachs für Wachsstöcke, Siegel und duftende Kerzen bringt bares Geld. Imkermuseen in **Münstertal** und **Hohberg** pflegen die Tradition der »Bienenweide«. Dort kennt man auch die geheimnisumwitterte Kunst des wandernden »Immeschnieders«, der auf den Bauernhöfen die Bienen versorgt, Honig, Wachs und Pollen gewinnt und wundersame Arzneien für Mensch und Vieh mischt.

Er ist einer der »Störhandwerker«, die von Hof zu Hof ziehen und Arbeiten erledigen, die man dort nicht beherrscht: Maurer, Brunnensetzer oder Zimmerleute, Metzger, Schuster oder Kesselflicker, aber auch die Näherin, die bis ins 20. Jahrhundert sogar samt Nähmaschine zu den Bauern kommt.

Hausierer versorgen die abgelegenen Höfe mit Hausrat, Werkzeug, Kleidung und Büchern, aber auch mit Nachrichten, Klatsch und Tratsch. Jahrhundertelang wandern zudem die »Salpeterer« von Hof zu Hof: Sie schaben Wand und Boden der Ställe und Dunggruben ab. In einer Salpetersiederei, wie sie im Hotzenwaldmuseum **Görwihl** steht, wird die anrüchige Ernte ausgekocht und gefiltert. So entsteht der Rohstoff für das Schwarzpulver, das der Freiburger Franziskanermönch Berthold Schwarz erfunden haben soll. Der Obrigkeit sind die rastlosen Gesellen, die so viel herumkommen, eher suspekt. Tatsächlich unterstützen

Näharbeit in der Bauernstube in Buhlbach. Die Maschine stammt aus der Nähmaschinenfabrik Gritzner in Karlsruhe-Durlach.

Ärmlich wirkt das Taglöhnerhaus im Freilichtmuseum Vogtsbauernhof neben den stolzen Erbhöfen. Wer keinen eigenen Hof hatte, verdiente sein Brot als Waldarbeiter, Weber, Uhrmacher oder Taglöhner.

Hausierer die Verschwörer des Bauernkriegs und Glasträger und Salpeterer organisieren den Aufstand der Hotzenwaldbauern gegen das Kloster St. Blasien.

Fron und Zehnt

Im 14. Jahrhundert ziehen finstere Wolken über den Schwarzwaldhöfen auf: Ein Klimawandel bringt eine »kleine Eiszeit«. Auf Missernten und Hunger folgen Typhus und Pest. Die Höhenlandwirtschaft wird aufgegeben und mit ihr jede vierte Siedlung, schätzen Historiker. Während verarmtes Landvolk in die Städte flieht, schmälert die Krise auch die Einnahmen der Feudalherren aus Zins und Zehnt der verbliebenen Lehensbauern. Zum Ausgleich ziehen sie die Abgabenschraube an, bis kaum die Hälfte der kargen Ernte übrig bleibt. Besonders schmerzt der »Kleinzehnt« auf Obst, Gemüse, Kraut und Kleinvieh, das die Menschen zum Leben brauchen.

Alte Rechte werden beschnitten: »Es war ein harter Mann, der's erfand, daß er das Holen von Reisig und Brennholz, was nur arme Menschen tun, um sich zu wärmen und ihr kärgliches Mahl zu kochen – einen Frevel taufte«, wettert Pfarrer Heinrich Hansjakob Jahrhunderte später.

Die Bauern verlieren die Freiheiten, die die ersten Siedler noch genießen. Um die Landflucht zu bremsen, konfisziert das Kloster St. Blasien Hab und Gut von Eltern, deren Kinder abwandern. Im Hotzenwald und im »Reichstal Harmersbach« behaupten sich freie Bauern, die Mehrheit aber wird abhängig oder gar leibeigen. Sie können verkauft, verpfändet oder verschenkt werden, dürfen ohne Erlaubnis weder heiraten noch ihre Herrschaft verlassen und bei ihrem Tod muss der Erbe den »Todfall« entrichten: Das beste Stück Vieh oder die besten Kleider des Verstorbenen.

Jeder Erbfall macht die Menschen ärmer: Die ersten Siedler haben genug Land, um eine Familie zu ernähren. Wo die Kinder das Erbe unter sich aufteilen, entstehen immer kleinere, unwirtschaftlichere Höfe. Wo nur ein Nachkomme erbt, bleibt zwar ein stattlicher Hof übrig, aber die Geschwister müssen sich als Dienstboten oder Taglöhner verdingen, zumal die Zünfte den Zugang zum Handwerk eifersüchtig hüten.

Im Volk gärt es und 1524 erfasst der Bauernkrieg von Stühlingen aus weite Teile Deutschlands und der Nachbarländer. Den Anlass soll die Gräfin von Lupfen geliefert haben, als sie die Stühlinger Bauern mitten in der Ernte Schneckenhäuschen sammeln lässt, damit ihre Mägde darauf Garn aufwickeln. Zwei Jahre später wird der »Aufstand des Gemeinen Mannes« niedergeschlagen, Tausende von Bauern werden getötet, die Anführer hingerichtet. Die Leibeigenschaft wird im vorderösterreichischen Südschwarzwald erst 1781 aufgehoben, zwei Jahre später in Baden, 1817 in Württemberg. Als Ablöse von Kirchenzehnt und Bodenzins müssen die Bauern noch einmal das Zwanzigfache eines Jahresbetrags zahlen.

Das liebe Vieh

Neben dem Holz ist das Vieh die wichtigste Einnahmequelle der Schwarzwaldbauern und die Familien der Holzhauer, Taglöhner, Flößer oder Handwerker halten zumindest

Jeder Grashalm wurde einst als kostbares Winterfutter unter dem riesigen Walmdach der Schwarzwaldhöfe verstaut. Die armen Holzhauer im Murgtal bauten stattdessen die »Tiroler« Heuhütten an den Wiesenhängen.

eine Kuh oder Ziege für Milch, Butter, Quark und Käse. Damit die Männer ihrer Arbeit nachgehen können, weiden die Tiere oft gemeinsam auf der »Allmende«. Traditionell weiden sie im Wald, weil man jeden Grashalm von den Wiesen als Winterfutter braucht. Ein ausgeklügeltes System von Kanälen und Teichen bewässert die kostbaren Talwiesen, taut im Frühjahr den Schnee ab und lässt mit einer kräftigen Jauchezugabe

Arbeitstier und Sparkasse der Bauern waren die Hinterwälder Rinder, bis ihnen der Traktor und die Schwarzbunte mit der hohen Milchleistung den Rang abgelaufen haben. Heute kommen sie zu neuen Ehren wie hier auf dem Untermühlbachhof bei St. Georgen-Peterzell.

Gras und Kräuter üppig wachsen. Sogar Laub und junge Äste werden als Wintervorrat eingebracht – und trotz aller Mühe, so wird erzählt, muss manch geschwächtes Rind im Frühjahr auf die Weide getragen werden. Deshalb füttert man auch nur die wertvollsten und gesündesten Tiere durch, der Rest wird geschlachtet oder verkauft.

Noch lange nach Erfindung des Traktors bleiben Ochs und Pferd die »Zugmaschinen« des Bergbauern. Der robuste Schwarzwälder Fuchs, der seit dem 15. Jahrhundert rund um die Klöster St. Märgen und St. Peter gezüchtet wird, ist genügsam und für einen Kaltblüter leicht, wendig und geschickt, wie man ihn im steilen Gelände braucht. Dennoch droht ihm Ende des 19. Jahrhunderts das Aus: Damit die Landwirtschaft schwere Maschinen einsetzen kann, sollen fortan nur noch schwere Kaltblüter gezüchtet werden. Aber die Schwarzwälder Pferdezuchtgenossenschaft hilft ihrem Fuchs geschickt über die Hürden der Bürokratie. So kann St. Märgen alle drei Jahre sein Rossfest mit den prächtigen Schwarzwälder-Gespannen feiern und zu den Fohlen- und Hengstschauen kommen Züchter aus dem ganzen Land nach St. Märgen, Elzach-Prechtal und Waldkirch. Dort kann man den Pferdehändlern über die Schulter schauen oder gar selbst einkaufen: Der schicke Dicke aus dem Schwarzwald mit seinem dunklen Fell und der üppigen blonden Mähne gilt heute auch als beliebtes Freizeitpferd.

Jahrhundertelang war der Schwarzwälder Fuchs das zuverlässige Arbeitspferd beim Holzrücken im Wald oder an der Wagendeichsel auf den steilen Straßen, aber auch das standesgemäße Reitpferd für den wohlhabenden Bauern oder Prälaten. Rossfest und Pferdemarkt sind heute Attraktionen von St. Märgen bis Waldkirch.

Pferdezucht ist für einige Bauernhöfe ein neues Standbein geworden: Auf dem Landwasserhof in Oberprechtal züchtet man Missouri Foxtrotters aus den amerikanischen Ozark Mountains, Andalusier in Wutach-Münchingen und Isländer auf dem Wiesenhof bei Marxzell im Albtal.

Überlebensfragen

Europas erster Agrarkommissar Sicco Mansholt prophezeit 1968, im Jahr 2000 werde es im Schwarzwald keine Landwirtschaft mehr geben. Tatsächlich haben seither zwei Drittel vor allem der kleineren Betriebe aufgegeben. Mit Europas großen Agrarfabriken kann der Höhenlandwirt ebenso wenig konkurrieren wie mit dem Kollegen im Tal: Allein das Stalldach, das gewichtige Schneelasten tragen muss, kostet ihn doppelt so viel wie jenen.

Mehr denn je ist die Landwirtschaft zum Nebenerwerb geworden. Aber nicht jeder Arbeitgeber hat Verständnis für die Melkzeit der Kühe. Da hilft die uralte Tradition der Gemeinschaftsweide auf der »Allmende«, die lange Zeit als rückständig bekämpft wurde. So lassen die Bauern der »Berg- und Talwiesen GbR« in Schenkenzell ihre Rinder gemeinsam grasen. Die Zusammenarbeit spart Zeit und Geld, hilft bei der

Nach Expertenmeinung dürfte es ihn gar nicht mehr geben: den Schwarzwaldbauern, der hier bei Gutach sein Winterheu einfährt.

Vermarktung und im Kampf mit der Bürokratie.

Die wenigsten Schwarzwaldbauern leben von einem Erwerbszweig allein: Armbrusters Hof in Berghaupten verköstigt Geburtstagsgesellschaften und Bustouren, verkauft im Hofladen Fleisch von freilaufenden Rindern, Kräuteröl und Selbstgebrannten, dazu im Winter Nordmanntannen aus der Weihnachtsbaumplantage.

Der Wald ist seit jeher die Sparbüchse der Bauern. Die meisten besitzen zwar nur einige Hektar, könnten aber ohne den Holzerlös ihren Hof nicht erhalten. Nach Waldsterben und Orkanen ereilt sie 2008 auch die Wirtschaftskrise. Sägewerksbesitzer klagen über Preise wie vor 20 Jahren, als der Immobilienmarkt in den USA zusammenbricht und internationale Großkonzerne den europäischen Markt überschwemmen.

Nachwachsende Energie ist ein Hoffnungsträger: Holzpellets sollen die Abfälle der Sägewerke zu Gold machen. 300 000 Kubikmeter Sägemehl jährlich fallen allein im Sägewerk Dold in Buchenbach bei Freiburg an, das 2005 das damals größte Pelletwerk Deutschlands eröffnet. Weitere entstehen in Achern, Kehl und Empfingen bei Horb. Die Hersteller der umweltfreundlichen neuen Energie sind selbst nicht immer ebenso umweltfreundlich: Das Kehler Werk soll eine Viertelmillion Tonnen CO_2 einsparen helfen, die Stadt allerdings fürchtet mehr als 40 Tonnen zusätzliche Feinstaubbelastung.

Landschaftspflege ist ein eigener Erwerbszweig geworden. Staatliche Förderung hat aber auch ihre Tücken: Da kauft ein Zweckverband im Südschwarzwald eine teure Mulchmaschine zum Kampf gegen den Adlerfarn, dem anders kaum beizukommen ist. Trotzdem nutzen nur wenige Bauern die Maschinenhilfe: Wer schon Zuschüsse zur Landschaftspflege bezieht, muss verbotene Doppelförderung fürchten, denn auch der Zweckverband zehrt von öffentlichen Geldern.

Nischen

Im Herbst 2009 rollen die Traktoren auf dem Kriegspfad, Milchbauern kippen den Discountläden Mist vor die Tür und blockieren sogar die genossenschaftliche Breisgaumilch in Freiburg: Discountketten diktieren Milchpreise, von denen allenfalls Agrarfabriken mit 1000 Tieren leben können, nicht aber der Schwarzwaldbauer mit 30 Kühen, sagen die Milchbauern. Und mit jedem, der aufgibt, bröckelt das System zum Schutz der Landschaft.

Eine Zukunftsperspektive sind Marktnischen: Gentechnikfreie Weidemilch aus den Hochlagen um St. Peter, St. Märgen und Breitnau kommt an beim Verbraucher, die Nachfrage ist sogar größer als das Angebot. Aber der Teufel steckt in Details wie dem Einsammeln kleiner Milchmengen auf abgelegenen Höfen.

Regionale Spezialitäten haben es auf dem genormten Markt oft auch schwer: Jahrelang beschäftigt Schwarzwälder Bibiliskäs die Justiz. An ihm ist nichts Anrüchigeres als Quark und Sahne, aber aus Rohmilch. Die durfte lange Zeit nur direkt verkauft werden, nicht jedoch in Gastronomie und Handel. Als ein Gast Käse aus einem Hofladen an seinen Stammtisch in Appenweier mitbringt, schlägt ein besorgter Bürger Alarm und ein eifriger Offenburger Staatsanwalt bringt die Käse-Dealer vor den Kadi. Erst die Aufhebung der Rohmilchverordnung 2008 entkriminalisiert Bibilis- und Renchtäler Rahmkäse.

Kunden der Hofkäsereien auf der »Käseroute« im Naturpark Süd-

Links: Idylle 2010! Rechts: Einkaufen mit Handschlag: Bauernmärkte wie hier am Naturschutzzentrum Ruhestein gehören längst zum Urlaubserlebnis.

Neun Monate lang reift der Bergkäse der Vorderwälder Rinder auf dem Untermühlbachhof bei St. Georgen-Peterzell. Damit er eine besonders gute Rinde bekommt, wird er alle zwei Tage mit Salzlake gebürstet.

schwarzwald schwören darauf, dass man das Bergwiesenaroma im Käse schmeckt. Damit sie die Molke nicht wegschütten muss, füttert die Schuttertäler Ziegenkäserei Monte Ziego Nachbars Ferkel damit – und schon erobert sich das »Schwarzwälder Molkeschwein« eine Nische auf dem Feinschmeckermarkt.

Viele Bauern überlassen die Milch den Kälbern: Die Öko-Höfe der Dachsberger Erzeugergemeinschaft »Junges Weiderind« lassen ihre Jungtiere zehn Monate lang bei der Mutter trinken. Das Fleisch vermarkten sie über Schmidt's Märkte, ein Traditionsunternehmen, das 1852 im Gasthaus Adler in Rickenbach angefangen hat.

»Schwarzwald« ist eine Marke. »Schwarzwälder Schinken« ist seit 1997 durch die EU vor Nachahmung geschützt: Nur Schinken, der im traditionellen Verfahren im Schwarzwald hergestellt wird, darf sich auch so nennen. 40 000 Tonnen der aromatischen Spezialität mit dem zarten Speckrand wurden allein 2008 verspeist.

Seit 2007 gibt es das Gütesiegel »echt Schwarzwald« für Rind-, Schaf- und Ziegenfleisch, Honig, Milch und Schnaps. Die neue Regionalmarke soll den Bauern bessere Absatzmöglichkeiten bieten und dem Verbraucher Sicherheit durch feste Qualitätskriterien.

Für Bio- und »Premium«-Produkte hat der Schwarzwaldbauer in »Deutschlands Genießerecke« die Kunden vor der Haustür. Wer hier Wellness, Genuss und Naturerlebnis sucht, schätzt regionale Küche und Bio-Produkte. Die **Naturparks** unterstützen die Vermarktung mit Projekten von der »Käseroute« bis zum »Brunch auf dem Bauernhof«. »Landschaftsschutz mit Messer und Gabel« ist das Motto der gut 60 Naturparkwirte: Bis auf den Rosmarin an der Lammkeule kommen beim »33-Kilometer-Menü« alle Zutaten aus der Region. Sterne-Köche servieren Fleisch vom örtlichen »Weidelandprojekt«: Die Landschaft wird gepflegt von dessen Hinterwälder Rindern, ohne die auch der Glanz der Gourmetsterne verblassen würde.

Landschaftspflege mit Biss

In die Diskussion um das Waldsterben platzt die Feststellung: Es gibt zu viel Wald im Schwarzwald! In Gemeinden wie Bad Rippoldsau bedeckt er über 90% der Fläche. Sonnenhänge liegen auf einmal im Schatten, Aussichtspunkte sind zugewachsen und Frischluftschneisen, die für Abkühlung in den Tälern sorgen, sind blockiert. Die typische Schwarzwaldlandschaft – der Wechsel von Wiesen und Wäldern – ist bedroht, als der Wald von der Landwirtschaft verlassene Flächen zurückerobert. Die Hochflächen zwischen Freudenstadt, Herrenalb und Dobel, die kahlen »Grinden«, sind Anfang des 18. Jahrhunderts noch riesige Viehweiden: Allein die Baiersbronner treiben 1600 Rinder in die Wälder. In der Grünhütte am Wildsee hat der Hirte das Schankrecht im »Herderhaus«, denn am Kaltenbronn weiden weitere 1500 Tiere. Unbewusst schaffen ihre Mäuler den Lebensraum für Orchideen, Arnika und Auerhahn.

Als die Stallhaltung aufkommt, der Viehbestand sinkt und »Kuhdorf« eine Beleidigung wird, überwuchern Fichte, Kiefer, Pfeifengras und Eberesche die Biotope auf den aufgegebenen Weiden.

Seit 1966 kämpfen ehrenamtliche Helfer, Bergwacht, Schwarzwaldverein und Förster bei der »Schliffkopfaktion« mit Motorsäge und Gartenschere gegen Büsche und nachwachsende Fichten auf den Grindenheiden. Überall im Schwarzwald arbeiten Freiwillige, der Verein Bergwaldprojekt organisiert seit Jah-

Hinterwälder-Kindheit auf der Waldweide

Links: Wie im Mittelalter weiden diese Hinterwälder Rinder bei Baiersbronn im Wald. Sie sind eine der ältesten deutschen Rinderrassen und stammen aus der Gegend rund um Schauinsland, Münstertal und Belchen, in den 80er-Jahren waren sie vom Aussterben bedroht. Rechts: Bei Forbach im Murgtal halten die »Burenziegen« der Bermersbacher Ziegenfreunde die Landschaft offen, lassen sich beim jährlichen Ziegenfest gebührend feiern und begeistern bei der Familienwanderung auf dem Ziegenpfad.

ren ökologische Arbeitseinsätze für engagierte Menschen.

Weil Landschaftspflege mit der Motorsäge auf Dauer weder sinnvoll noch finanzierbar ist, kommen Rind, Schaf und Ziege zu neuen Ehren. Das EU-Großprojekt »Grindenschwarzwald« macht das vom Aussterben bedrohte Hinterwälder Rind zu einem Markenzeichen des neuen alten Schwarzwalds. Es frisst sogar Sträucher und holzige Pflanzenteile und eignet sich als Landschaftspfleger, weil es kleiner und leichter ist als andere Rassen und weniger Trittschäden auf empfindlichen Böden anrichtet. Die erste moderne Hinterwälder-Herde auf den Grinden gehört zum Deisenbauernhof bei Alpirsbach-Reinerzau. Vieh gibt es auf dem Jahrhundertealten Hof längst nicht mehr, als ihn der Diplom-Biologe und ehrenamtliche Naturschützer Gerold Wein 1991 kauft. Wein wird Stammkunde auf dem Viehmarkt in Schönau und bei den Hinterwälder-Züchtern im Südschwarzwald. Er und seine fünf Partner wirtschaften nach der Öko-Richtlinie und vermarkten ihre Erzeugnisse gemeinsam an Privatkunden und Gastronomie.

Weidelehrpfade sind heute in **Forbach, Dachsberg, Elzach** oder **Schopfheim** ein Freizeiterlebnis. Als sich die Gemeinde Weisenbach 1982 ihre erste Schafherde zulegt, muss sie noch massive Bedenken gegen die einst verpönte Waldweide ausräumen. Heute gibt das Projekt behinderten Menschen Arbeit und ist eine feste Einrichtung geworden.

Schafherden ziehen sogar durch die Naturschutzgebiete an Feldberg und Belchen sowie die »Gültlinger und Holzbronner Heiden«. Diese Landschaft haben ihre Vorfahren vor Jahrhunderten geschaffen: Sie haben fast alles gefressen bis auf die typischen Wacholder- und Schlehenhecken, die dem »Heckengäu« seinen Namen geben. In **Wildberg** hält ein Nachfahr des Klosterschäfers mit zwei Kollegen rund 1500 Tiere und der historische Schäferlauf hat wieder seine Berechtigung.

Im Wald darf sogar wieder gemeckert werden: Ziegen, einst Geißeln des Waldes, übernehmen im Murgtal die Erstpflege der verbuschten Wiesen, auf denen später Schafe grasen. Bei Münstertal fressen über 1100 Geißen die Steilhänge ab und im Zastlertal bei Freiburg roden Naturschützer die dicksten Bäume, Ziegen erledigen dann den Rest. Bei Triberg grasen sogar Yaks und auf dem Isländergestüt Wiesenhof im Albtal ergänzen sich Rinder und Pferde bei der Landschaftspflege: Was dem einen nicht schmeckt, frisst der andere.

»Landschaftspflege mit Biss« heißt der Betrieb der Diplom-Agrarwirte Frank Lamprecht und Stefan Gaus in Oberndorf am Neckar. Im Jahr 2000 haben sie mit ein paar Dutzend Tieren angefangen. Heute weiden sie ihre Schaf- und Ziegenherden auch im Schiltach- und im Kinzigtal und vermarkten die Felle über die historische Schiltacher Gerberei Trautwein. Daneben bieten sie Dienstleistungen von naturkundlichen Wanderungen bis zum Weidezaunbau an und richten kulinarische Feste aus: Denn wirklich rentabel sind Schwarzwälder Schaf- und Ziegenherden im Wettbewerb gegen importiertes Tiefkühlfleisch nicht.

Landschaftspflege mit Biss betreiben die Heidschnucken von Brigitte Dinger aus Lauf auf den Heideflächen an der Schwarzwaldhochstraße. Von Juli bis Mitte September begegnet man den modernen Wanderschäfern an Hornisgrinde und Hochkopf.

Im »Revier«

Das silberne Wirtschaftswunder

Vor 7000 Jahren schürfen Menschen der Steinzeit bei **Sulzburg** nach dem begehrten roten Farbstoff Hämatit. In den tief eingeschnittenen Flusstälern und an der steilen Abbruchkante des Schwarzwalds zum Oberrheingraben hin spüren Kelten und Römer später den Erzgängen nach, in denen sich über Jahrmillionen zahllose Mineralien abgesetzt haben – silberhaltiger Bleiglanz, Zinkblende, Kupfer- und Eisenerz, Kobalt, Baryt und Edelsteine. Aus seinen Flüssen wird zwar auch etwas Gold gewaschen, der wahre Schatz des Schwarzwalds aber wird das Silber: Karl der Große macht den Silberdenar im 8. Jahrhundert zur Standardwährung des Frankenreichs.

Als der Kaiser dem Bischof von Basel 1028 die Schürfrechte im Südschwarzwald verleiht, wird dort im Tal des Neumagen schon längst gegraben: Der älteste Stollen in **Müns-**

Jaspis oder Silex wurde am Südwestrand des Schwarzwalds schon in der Steinzeit für Beile, Faustkeile und Messer abgebaut. 3000 Jahre später fertigen Freiburger und Waldkircher Edelsteinschleifer daraus kleine Kostbarkeiten.

Links: In Sulzburgs ehemaliger Stadtkirche dokumentiert das Landesbergbaumuseum die 7000-jährige Geschichte des Bergbaus im Schwarzwald. Rechts: Der Silberschatz aus dem »Teufelsgrund« hat den Herren von Staufen sicher beim Bau ihres Stadtschlosses geholfen. In seinen Gewölben hortet heute die Winzergenossenschaft ihre flüssigen Schätze.

tertals »Teufelsgrund« stammt aus dem 10. Jahrhundert. Noch älter sind das Benediktinerkloster St. Trudpert und die Stadt Münster zu seinen Füßen: Sie ist ein wehrhaftes, wohlhabendes Bergbauzentrum mit Kaufhaus, Badehaus und Spital, Erzaufbereitung, Schmelzöfen und der Münze, in der die Herren von Staufen ihre exotischen »Elefantenmünzen« prägen. Der »Teufelsgrund« beschert dem Kloster zwei kostbare Silberkreuze: Eines wird noch heute bei der Trudpert-Prozession durch Münstertal getragen, das andere schmückt die St. Petersburger Eremitage.

Silber aus dem Schauinsland, der auf älteren Landkarten noch »Erzkasten« heißt, macht Freiburg im 12. Jahrhundert zur Boomtown und finanziert den Bau des Münsters mit. Freiburg zieht das Silber aus dem ganzen Südschwarzwald an sich: Aus dem Mettmatal, wo Bleiglanz sogar im Tagebau gewonnen wird, von **Schönau**, Todtmoos, Dachsberg, Menzenschwand und Grafenhausen bis Görwihl. Sein »Rappen« wird die wichtigste Münze am Oberrhein, als sich Freiburg 1377 mit Basel, Zürich, Bern, Colmar, Breisach und Todtnau zum Rappenmünzbund zusammenschließt. Bis zu seinem Ende 1584 darf Rohsilber aus seinem Einzugsbereich ausschließlich an seine Münzstätten verkauft werden.

Zentrum des mittelalterlichen Silberreviers im Kinzigtal ist **Haslach**. Der dortige Bergrichter ist für Hunderte von Knappen und fast 400 Stollen und Schächte zuständig und die Steuerkraft der kleinen Stadt wird im Mittelalter mit der von Straßburg verglichen!

Silber, Blei, Gift und Neid

Mehr als 1000 Jahre lang kommen Silber, Blei, Fluss- und Schwerspat aus Münstertals »Teufelsgrund« – aber auch »teuflische« Altlasten: Überall im »Schwarzwaldrevier« sickern jahrhundertelang Gift und Schwermetalle aus Stollen und Abraumhalden oder gelangen beim Auswaschen der Erze mit fließendem Wasser in die Flüsse: Fachleute schätzen, dass im Schwemmland des Sulzbachs rund 50 Tonnen Silber und 7000 Tonnen Blei liegen – fast ebenso viel, wie im Sulzbachtal je gewonnen wurde. Cadmium, Arsen und Blei in Petersilie und Kopfsalat sind keine Seltenheit und noch 2009 warnt Münstertals Gemeindeblatt: »Je nach angereicherter Schwermetallmenge ist vom Verzehr selbst angebauter Nutzpflanzen abzuraten.«

Farbenprächtiger Blickfang im Sulzburger Landesbergbaumuseum ist ein Ausschnitt des berühmten »Tulenhaupt«-Fensters am Freiburger Münster. Es zeigt einen Bergmann der Schauinsland-Grube »Dieselmuot« bei der Arbeit.

Blei und Silber sind eng verquickt im Erz, es muss geröstet und mehrfach geschmolzen werden, bis sich beide trennen. Das Blei, das den Löwenanteil ausmacht, bringt gutes Geld: Man braucht es für Rohre, Gewichte, Kirchendächer und Butzenscheiben, Farben, Arznei und sogar Schminke, später wird das Militär Stammkunde.

Blei ist aber auch einer der lautlosen Killer, die im Mittelalter dafür sorgen, dass die Menschen in den Bergarbeitersiedlungen rings um die Stollen und Halden nicht alt werden. Kinder, Frauen und alte Menschen atmen es ein, wenn sie das Erz vom tauben Gestein sortieren und die Brocken zertrümmern und zermahlen.

Hart und gefährlich ist auch die Arbeit unter Tage: Beklemmung beschleicht den Besucher in den ältesten Stollen, die oft nur schulterbreit und so niedrig sind, dass man sie nur geduckt oder kriechend befahren

Links: Kein Platz für Platzangst ist in den engen Stollen von Neuenbürgs Grube »Frischglück«. Bei Neuenbürg haben schon die Kelten Erz abgebaut und Eisen verhüttet. Rechts: Die Grubenleuchte – ein schwaches Licht im »Hoffnungsstollen« in Todtmoos-Mättle. Nickelmagnetkies aus dem Hotzenwald diente einst zur Gewinnung von Schwefelsäure in der Todtmooser Vitriolhütte.

kann: Das ist der Arbeitsplatz des mittelalterlichen Bergmanns, der mit Schlägel und Eisen wenige Zentimeter am Tag im Gestein vordringt und nicht mehr aushaut, als unbedingt nötig ist.

Für ihre Zeitgenossen sind die Bergleute Außenseiter: Sie haben eigene Richter, Kirchen und Friedhöfe. Ihr Beruf unter Tage macht sie verdächtig: Man munkelt über schwarze Magie und wittert Spione der Venediger Glasbläser, die im Schwarzwald das Mangan suchen, das ihr Muranoglas so klar macht. Vielerorts gehen Sagen vom Untergang reicher Bergbauorte um. Bei Oberwolfach hört der Schriftsteller Heinrich Hansjakob die Geschichte des versunkenen Benau: »Die Stadt ging unter, weil die Bewohner das Goldene Kalb anbeteten, d. h. weil sie zu viel edles Erz fanden, wurde es ihnen zu wohl und ihre Üppigkeit forderte die Strafe des Himmels heraus.« Hinter solchen Sagen steckt oft der Neid auf die recht wohlhabenden Bergleute. Sie sind gefragte Facharbeiter, die Landesherren holen sie aus Sachsen, Bayern, Tirol oder Italien heran. Die Knappen sind von Steuer und Fronarbeit befreit und bekommen Land, Bau- und Brennholz. Wird ihr Bergwerk stillgelegt, müssen sie Häuschen und Acker jedoch zurückgeben – und das geschieht nur allzu oft.

»Der Kredit ist mausetot«

Das Wirtschaftswunder am Schauinsland ist schon Vergangenheit, als Sebastian Münster 1544 seine Weltbeschreibung »Cosmographia« verfasst: »Ein meil wegs von Freyburg ist gewesen ein gut Bergwerck, davon die Statt, die Clöster und Kirchen den mehren theil sind erbauwen worden.«

Mit Sachsens Silbergruben, die ihre Jahresausbeute in Tonnen wiegen, kann sich der Schwarzwald nie messen und als die leicht zugänglichen Silberadern ausgebeutet sind, muss immer tiefer geschürft werden. Das schmälert die Rendite, zumal in der Tiefe Wasser in die Gruben eindringt und mit hohem Aufwand abgeleitet oder abgepumpt werden muss. Freiburger und Waldkircher Investoren bauen dafür 1284 im Silberbergwerk Suggental bei **Waldkirch** eine »Wasserkunst«, die heute als eines der wichtigsten Technikdenkmäler Deutschlands gilt. Weil das Wasser für ihren Antrieb vor Ort fehlt, leitet man es über einen 15 Kilometer langen Kanal von der Ostseite des Kandelbergs bei St. Peter heran. Reste des Urgrabens kann man auf dem Suggentaler Bergbauweg noch heute erkennen. Der Überlieferung nach dringt 1288 nach einem Unwetter eine Flutwelle in die Stollen ein, reißt die Siedlung weg und tötet Hunderte von Menschen – ein himmlisches Strafgericht für die Gottlosigkeit der Bergleute.

Populär wird diese Saga erst im 18. Jahrhundert, als ein geschäftstüchtiger Steiger Anteilsscheine, sogenannte Kuxe, für die Wiederaufnahme des Bergbaus im Suggental verkauft. Mit der Legende erklärt er seinen Investoren, warum der Bergbau dort überhaupt eingestellt wurde – nicht etwa mangels Rendite! Der Betrüger verdient nicht nur am Verkauf der Kuxe: Die Anteilseigner müssen Geld nachschießen, wenn ihr Bergwerk Kapital braucht, und so zahlen sie in Suggental Unsummen für Pfusch im Berg, Profit macht allein der schlaue Steiger.

Schon im 14. Jahrhundert kriselt es auch im Neumagental: Die Stadt Staufen wird von der Pest heimgesucht und 1356 vom Basler Erdbeben erschüttert. 1539 sollen die Herren von Staufen gar Dr. Johann Faust zum Goldmachen in die Stadt geholt haben, der dabei mit viel Krach und Gestank ums Leben kommt. Die stolze Stadt Münster ist heute als »Atlantis des Schwarzwalds« ein Fall für Archäologen: Sie geht im 17. Jahrhundert unter, als Kriege die Wirtschaft zum Erliegen bringen und die Beute der spanischen Konquistadoren den Silberpreis drückt.

Mit dem Ende des Silberbergbaus verarmen ganze Regionen: Im 14. Jahrhundert beschäftigt das Todtnauer Revier rund 300 Bergleute und die übrigen Einwohner verkaufen ihnen Lebensmittel oder arbeiten für sie als Holzfäller, Köhler, Handwerker und Fuhrleute. Todtnau besteht aus drei Dutzend Häusern, 23 Erzmüh-

Durch eine Explosion kommt Dr. Johann Faust 1539 in Staufens berühmtem Gasthaus »Zum Löwen« ums Leben. Offen bleibt, ob ein alchimistisches Experiment missglückt ist oder der Teufel seinen Pakt mit ihm vollstreckt hat. – Die Risse in der Hausfront des »Löwen« sind jüngeren Datums: Seit 2007 wackeln in Staufen die Wände.

len, Münze und Erzschmelze. Als der Silberstrom im 17. Jahrhundert versiegt, muss die Stadt ihre Kirchenglocken versetzen und die Menschen im oberen Wiesental halten sich mit Weben, Holzschnefeln, Bürstenbinden oder Strohflechten über Wasser.

Im unteren Kinzigtal erinnern heute nur noch die Reste der mächtigen Stadtmauer an die wehrhafte Silberstadt Prinzbach, wo die Herren von Geroldseck ab dem 12. Jahrhundert das Silber für die Stiftskirche in Lahr und ihre Burg Hohengeroldseck fördern.

In Hausach löst Eisen das Silber ab: 1740 nimmt das Fürstlich Fürstenbergische Hütten- und Hammerwerk den Betrieb auf, später kommen eine Pfannenschmiede und ein Blechwalzwerk dazu. Heute produziert hier Neumayer Tekfor Millionen von Radmuttern und Hightechteile für Autos, hat längst die Schmieden von Ford in Köln und Fiat in Italien geschluckt und beschäftigt weltweit 3000 Mitarbeiter.

Auch im Nordschwarzwald versiegen die Silberquellen: Die berühmte Grube »Königswart« im oberen Murgtal, aus deren Silber die Pfalzgrafen den Tübinger Pfennig prägen, ist im 17. Jahrhundert ein

Im »Herrenhaus« residierte im 18. Jahrhundert die Direktion des fürstlichen Hammerwerks. Heute zeigt Hausachs Heimatmuseum dort die Geschichte der Schwarzwaldbahn, des Bergbaus und der Industrie des Kinzigtals.

Zuschussbetrieb. Mit Bulachs Silber, das anfangs sogar im Tagebau geschürft wird, soll der Pfälzer Kurfürst Ruprecht III. seine Königskrönung finanziert haben. Jahrhundertelang liefert das 20 Kilometer lange Stollensystem neben Silber auch Kupfer, ein wenig Gold sowie Wismut. Mit Bulacher Wismut bemalte Kästchen sind ein beliebtes Souvenir für Wildbads vermögende Kurgäste und 400 Jahre später liegt genug Wismut auf den Abraumhalden, um den Bedarf des Deutschen Reichs für 15 Jahre zu decken. Aber auch Bulachs Silberglanz verblasst und 1720 klagt der Bergverwalter, er könne nicht einmal mehr Brot für die Arbeiter kaufen: »Der Kredit ist mausetot.«

Verkannte Schätze

Nach dem Dreißigjährigen Krieg erregen versunkene Bergwerke Phantasie und Gier der Menschen. Man rätselt über die geheimnisvollen Runen auf dem »Schatzstein« von Todtnauberg: Der Legende nach haben Bergleute vor Kriegsausbruch die Grubeneingänge verschüttet, aber nicht überlebt, um sie wiederzufinden. Heute sind die »Schatzgräber« eine Narrenzunft in Todtnau. Rottweil lässt Fachleute den Boden bei Niedereschach und Kappel erkunden. Ihr hoher Bierverbrauch ist ebenso aktenkundig wie das ernüchternde

Ergebnis der Bodenproben: Das Erz »ist der müehe nit wehrt«.

Durchaus der Mühe wert erweisen sich dagegen Schätze, die zuvor lange verschmäht wurden: Mit Zink wird der Schauinsland zum größten Bergwerk des Schwarzwalds mit 100 Kilometern Stollen auf 22 Etagen.

»Von Kobolden verhextes Silber«, verächtlich Kobalt genannt, ärgert die Bergleute der Silberreviere am Oberlauf der Kinzig, bis man entdeckt, dass daraus kostbare blaue Farbe zu machen ist. Alpirsbachs Farbmühle ist ab 1710 so lukrativ, dass der Pfarrer darüber eigens einen Choral verfasst.

Das Farbwerk im benachbarten Wittichen bei **Schenkenzell** funktioniert erst, als ein Gengenbacher Glasmacher in Kursachsen das Herstellungsverfahren ausspioniert. Missstände auf den Gruben und in den Büchern machen das heruntergewirtschaftete Unternehmen aber bald zum Schnäppchen für einen finanzstarken Investor: Moses Doertenbach von der mächtigen »Calwer Compagnie« vermarktet mit deren Beziehungen aus dem Textilgeschäft fortan auch Kinzigtäler Kobaltblau in ganz Europa, beliefert angeblich sogar die Delfter Porzellanfabriken.

In dieser Zeit kommt auch der Silberbergbau noch einmal in Schwung: 1729 findet man bei Wittichen 250 Pfund gediegenes Silber und bald darauf den »Sophiagang«, der bis 1856 über fünf Tonnen Silber und mehrere hundert Zentner Kobalt liefert.

Während künstliches Ultramarinblau den Farbwerken Mitte des 19. Jahrhunderts den Garaus macht, durchwühlt die britische »Kinzigthal-Mining-Association« mit neuer Technologie fast 70 alte Gruben im Kinzig-, Wolf- und Wildschapbachtal und fördert Blei und Kupfer im Überfluss. Bald aber ist von Manipulation und Aktienschwindel die Rede und das Unternehmen löst sich auf.

Bei Oberwolfach spüren Bergleute und Bauern der legendären Bergbaustadt Benau nach, deren Bewohner »wie die von Sodom« gelebt haben sollen. Um wenige Meter verfehlt ein sächsischer Bergmeister dabei um 1700 im

Baryt aus Oberwolfach dämpft den Lärm im Auto, schirmt Strahlung im Beton ab und wird zur Röntgenuntersuchung ebenso gebraucht wie in der Tiefbohrtechnik.

Haslachs »Gedenkstätte Vulkan« erinnert an das düsterste Kapitel des Bergbaus, als rüstungswichtige Betriebe unter Tage verlagert wurden. 1700 Zwangsarbeiter und KZ-Häftlinge sollten 1944 die Stollen der Schotterwerke »Vulkan« für die Daimler-Produktion aus Gaggenau ausbauen. Nach dem Krieg wurde das Bergwerk von den Alliierten gesprengt.

Frohnbachtal die Erzader, aus der die »St.-Wenzel-Gewerkschaft« 60 Jahre später über vier Tonnen Silber gewinnt. Den wahren Schatz des Benauer Bergs in der alten Grube »Clara« hält man für »wertlosen Abraum«. Heute sind Fluss- (Fluorit) und Schwerspat (Baryt) aus der Industrie nicht mehr wegzudenken: Als Dämmstoff im Fahrzeugbau, Flussmittel zur Metallschmelze oder in der Bohrtechnik. Als im 19. Jahrhundert das Spatfieber ausbricht, werden überall im Schwarzwald stillgelegte Gruben »aufgewältigt«, also wieder in Betrieb genommen, und neue angelegt. Im Renchtal baut eine holländische Erdölgesellschaft Baryt für ihre Ölbohrungen ab, im Todtnauer Revier sprengt man 20 Kilometer Stollen in den »Finstergrund« und im Würmtal bei Pforzheim wird 1920 das größte Fluoritvorkommen Europas entdeckt. Aus der »Kafersteige« kommen bis zu ihrer Schließung 1996 über eine Million Tonnen Fluss- und Schwerspat – ebenso viel ruht noch im Boden. Die Spatwerke des Pforzheimer Goldwarenfabrikanten Döppenschmitt betreiben bis 1986 auch die Grube »Gottesehre« bei **Dachsberg** und eine moderne Aufbereitungsanlage am Karlsruher Rheinhafen.

Königin des Spats und das letzte aktive Bergwerk im Schwarzwald aber ist »Clara«: Ihre Vorräte sollen noch 20 Jahre reichen, obwohl hier seit 1898 über dreieinhalb Millionen Tonnen Fluss- und Schwerspat gefördert wurden sowie neuerdings auch wieder Silber und Kupfer. Claras Abraumhalde in **Wolfach** ist eine Attraktion für Mineraliensammler aus ganz Europa.

»Das Uran bleibt drin!«

Dieses Motto vereint in den 70er-Jahren Tourismusmanager, Hoteliers und Atomkraftgegner im Kampf gegen den Abbau einer Uranlagerstätte zwischen Baden-Baden und Gernsbach, der 1985 als unrentabel eingestellt wird.

Sehr viel zäher ist das Ringen um das Uran von Menzenschwand. Als Ende der 50er-Jahre Deutschlands erstes Atomkraftwerk gebaut wird und die Politik von einer deutschen Uranversorgung träumt, finden Freiburger Studenten Brocken von Pechblende im Krunkelbach am Feldberg. Die Hannoveraner Gesellschaft »Brunhilde«, die mit staatlicher Millionenförderung eine Aufbereitungsanlage im pfälzischen Ellweiler betreibt, unternimmt Probeschürfungen im Schwarzwald: Menzenschwander Uranerz sei das hochwertigste in ganz Europa. Aber im Dorf regt sich Widerstand: Man fürchtet um den Tourismus und fordert Entschädigung für versiegte Quellen. Als das Amtsgericht St. Blasien 1963 die Arbeiten stoppt, geißelt die überregionale Presse »Aberglaube« und »Gier« der Schwarzwaldbauern, die Deutschlands Energiezukunft blockieren.

Gleichzeitig erhitzen Pläne für ein Radonheilbad und neun Hotels mit 2000 Betten die Gemüter. Das Projekt stirbt 1974, als der Offenburger Verleger Burda als Investor aussteigt.

1975 darf »Brunhilde« ihre »Probeschürfungen« wieder aufnehmen, schon ist eine Brennelementefabrik in Heitersheim im Gespräch. Aber die Atomeuphorie geht zu Ende: Eine Abbaugenehmigung bekommt »Brunhilde« nie. Dafür schürft sie während der jahrelangen Verwaltungsgerichtsprozesse unverdrossen weiter »auf Probe« und fördert so in Menzenschwand rund 100 000 Tonnen Uranerz. Als ihre Aufbereitungsanlage in Ellweiler wegen hoher Strahlenbelastungen 1989 von Amts wegen geschlossen wird, meldet »Brunhilde« Konkurs an. Für Stilllegung und Rekultivierung der Grube in Menzenschwand muss der Steuerzahler aufkommen. Heute nutzen Kurgäste das Wasser aus dem Krunkelbachtal zur Radontherapie.

Schwerindustrie im Wald

Nicht so glanzvoll wie das Schwarzwaldsilber, aber sehr viel nachhaltiger sind Schwarzwälder Eisen und Stahl. Die älteste Eisentradition hat **Neuenbürg**: Jahrzehntelang rätseln Archäologen darüber, wie die Keltensiedlung am Neuenbürger Schlossberg zu ihrem Wohlstand gekommen ist – sicher nicht durch Ackerbau und Viehzucht. Eiserne Sensen aus keltischer Zeit geben einen ersten Hinweis, 1995 bringt eine sensationelle Ausgrabung bei Waldrennach Gewissheit: Man findet über 50 kuppelförmige Rennöfen aus Steinbrocken und Lehm, in denen vor 2600 Jahren

Wo einst die Kelten siedelten, baut Württembergs Herzog Christoph im 16. Jahrhundert das Schloss über dem Neuenbürger Bergbaurevier. Heute erlebt man hier Wilhelm Hauffs Schwarzwaldmärchen »Das Kalte Herz«.

Eisen erschmolzen wurde. Neuenbürgs »keltischer Ruhrpott« gilt als das wichtigste Eisenzentrum Süddeutschlands, der Schlossberg als seine Leitzentrale, Kopf des Großprojekts war vielleicht der Keltenfürst auf dem Hohenasperg.

Auch zu Zeiten der Römer und im Mittelalter wird im Neuenbürger Revier geschürft. Zu seiner größten Blüte aber bringen es zwei sächsische Bergleute, die Gebrüder Viehweg, ab 1720. Bis 1868 liefert es rund 100 000 Tonnen hochwertiges Erz und Sensen aus Neuenbürger Eisen erringen Weltruf.

Ob auch der Keltenfürst vom Villinger Magdalenenberg bei Vöhrenbach Eisenerz abbauen ließ, ist nicht erwiesen, das Fürstenbergische Hammerwerk in Hammereisenbach entsteht erst im 16. Jahrhundert.

In der Vorbergzone am Südwestrand des Schwarzwalds dagegen schürfen schon die Römer, **Kandern** exportiert im 8. Jahrhundert Eisen bis nach Hessen. Später gießt man dort Kanonenkugeln ebenso wie Öfen, die die Hafner der Stadt mit prachtvoller Keramik ausstatten. Neben seinem Eisenwerk in Badenweiler-Oberweiler gründet der badische Markgraf im 17. Jahrhundert ein weiteres in Hausen. Das Erz lässt er mühsam mit Eseln und Ochsenkarren aus Kandern herbeischaffen: Es soll die Wirtschaft im Wiesental ankurbeln. Nicht umsonst stellt das Heimatmuseum **Görwihl** ein kunstvolles Modell des Werks aus: 200 Jahre lang verdienen Menschen aus dem ganzen Südschwarzwald durch die Eisenwerke in Hausen und Albbruck ihr Brot: Handwerker, Fuhrleute, Holzhauer und Köhler, Ketten-, Nagel- und Hufschmiede. Im Hausener Werk arbeitet auch der Dichter Johann Peter Hebel mit seiner Mutter. Hebels geliebte Wiese, umgeleitet und kanalisiert, treibt die Blasebälge der Hochöfen an und ringsum rauchen 100 Kohlenmeiler. Der Holzverbrauch ist enorm: Das Eisenwerk Eberfingen an der Wutach bezieht geflößtes Holz bis aus dem Feldberggebiet, jenes in Waldkirch-Kollnau beschäftigt um ein Vielfaches mehr Holzhauer und Köhler als Schmelzer oder Gießer.

Im 19. Jahrhundert geht es mit den Hüttenwerken im Schwarzwald zu Ende: Während sie mit Energie- und Rohstoffmangel kämpfen, liefert die Bahn preiswerten Stahl aus modernen, koksbefeuerten Hochöfen von Saar und Ruhr, die ihre Kohle vor Ort schürfen. Kohle gibt es im Schwarzwald in größerer Menge nur bei Berghaupten im Kinzigtal und der Abbau bringt immer weniger Gewinn: Die Schächte sind ständig überflutet, zuletzt muss man 20-mal mehr Wasser aus den Stollen fördern als Kohle.

Im Tal der Hämmer

Im 16. Jahrhundert lässt Württembergs Herzog Christoph die alten Bergbaureviere von Alpirsbach und Dornstetten bis ins obere Murgtal untersuchen. Dort gibt es Schätze, die der starre »Silberblick« der Vorbesitzer schlicht ignoriert hatte: Die Gruben im Forbachtal zwischen Kniebis und Baiersbronn liefern neben Silber vor allem aber Kupfer und Eisenerz, die in Christophstal verarbeitet werden. 1599 wird Freudenstadt als Zentrum des Reviers gegründet. Ein neues, moderneres Eisenwerk entsteht 1761 talabwärts in Friedrichstal. Die Arbeiterfamilien leben in »Laborantenhäusern« mit Stall und Garten, einem gemeinsamen Badehaus sowie einer Brauerei nahe am Hochofen.

Mit Neuenbürger Erz wird Friedrichstal eines der wichtigsten Stahlwerke Süddeutschlands: Bergrat Friedrich August Pulvermüller führt um 1800 ein neues Herstellungsverfahren für besonders harten und elastischen Stahl ein. Er steht dem

Originalgetreu rekonstruiert ist der gewaltige »Königshammer« an Baiersbronns »Erlebnispfad im Tal der Hämmer«. Er führt durch die »Laboranten«-Siedlung bis zum »Bahnhöfle« der einstigen Zahnradbahn.

Links: 6000 Menschen beschäftigt das Mercedes-Werk in Gaggenau. Der größte Arbeitgeber im Murgtal ist aus einem Hammerwerk des Markgrafen von Baden entstanden. Rechts: Die historische Säge im Schiltacher »Schüttesäge«-Museum stammt aus der Eisengießerei Gebr. Schmid in Freudenstadt. Heute ist das Hightech-Unternehmen ein Global Player der Photovoltaik.

damals besten der Welt aus England nicht nach. Auch nachdem die Hochöfen erloschen sind, liefert der »Sensenhammer« noch Sensen, Sicheln und Strohmesser in alle Welt, bis er 1961 der Mähmaschine zum Opfer fällt. Bis heute aber kommt Schmiedetechnik für Gärtner, Land- und Forstwirtschaft aus Friedrichstal und wer auf **Baiersbronns** Erlebnispfaden der Vergangenheit im »Tal der Hämmer« nachspürt, findet vielleicht noch blaue Schlackereste aus der alten Schmelze.

Alles über Sensen und ihre Herstellung erfährt man in der einstigen Sensenfabrik in **Achern**, die heute ein Museum ist.

Am Unterlauf der Murg schmiedet das markgräfliche Hammerwerk in **Gaggenau** Ende des 17. Jahrhunderts Eisenanker für den Schlossbau in Rastatt. In Schwung kommt das Werk aber erst 200 Jahre später, als es die Murgtalbahn für einen Frankfurter Investor interessant macht: Michael Flürscheim stellt in Gaggenau Reklameschilder für Stollwerck, Maggi oder Odol her, bei ihm haben über 1000 Menschen Arbeit, Wohnungen, eine Kantine und sogar eine Krankenkasse. Sein Nachfolger, das Multitalent Theodor Bergmann, baut Haushaltswaren, Herde und Verkaufsautomaten, eine Viertelmillion

»Badenia«-Fahrräder und 1895 den fünf PS starken »Orient-Expreß«, den ersten marktfähigen Benzinkraftwagen. Das Nachfolgemodell »Liliput« geht 1905 als »Volksautomobil« in Serie.

1907 übernimmt Carl Benz die Süddeutsche Automobilfabrik, in der 1923 die ersten Diesellastwagen der Welt vom Band rollen. Heute ist das Mercedes-Benz-Werk auf Getriebe, Achsen und Wandler spezialisiert und der größte Arbeitgeber im Murgtal.

Auch Schilder kommen noch aus Gaggenau: Die Firma Dambach liefert als eine der größten ihrer Branche in Europa Straßenschilder ebenso wie komplexe Verkehrsleitsysteme und sogar Reklameschilder – obwohl dieser Geschäftszweig heute Corporate Design heißt.

Aus Bergmanns Haushaltsabteilung macht der Hobbykoch und Küchen-Revolutionär Georg von Blanquet einen der führenden Anbieter für maßgeschneiderte Einbauküchen. Als die Münchner BSH die Marke Gaggenau 1995 übernimmt und das Werk im Murgtal mit 450 Mitarbeitern schließt, richtet sein ehemaliger Werbeleiter Rolf Schlett in der denkmalgeschützten Fabrikhalle in der Eisenwerkstraße die exklusive »Genussakademie« ein: Rund um die 300 Quadratmeter große Werkstattküche entsteht ein Tagungsort mit Seminarräumen, Ball-

Es gibt fast nichts, was der Unimog nicht kann. In Gaggenau, wo er 50 Jahre lang gebaut wurde, hat ihm ein privater Verein mit dem Unimog-Museum ein Denkmal gesetzt.

saal, Loft und Bar. Manager kreieren hier gemeinsam Gourmet-Menüs und betuchte Musikfans buchen das Koch-Event im Komplettpaket mit dem Konzertabend im Festspielhaus Baden-Baden.

Kultur ist auch im »Rotenfelser Schmelz Guth« eingezogen, das Markgraf Ludwig Georg von Baden 1725 unterhalb von Gaggenau errichten ließ. Der Karlsruher Architekt Friedrich Weinbrenner baut die wirtschaftlich erfolglose Fabrik 1816 zu dem klassizistischen Schlösschen um, in dem heute die Landesakademie für Schulkunst, Schul- und Amateurtheater residiert.

Wegweiser in die Unterwelt: Im Schwarzwald laden 13 Besucherbergwerke unter Tage ein – von vergnüglichen Familientouren bis zu mehrstündigen Exkursionen in die Bergbaugeschichte.

»Glück auf!«

1958 ist Schicht im Schacht in **Münstertal**: Die älteste Silbergrube des Schwarzwalds wird stillgelegt. Zwölf Jahre später ist der »Teufelsgrund« das Erste von heute 13 Besucherbergwerken des Schwarzwalds. Bevor sie ein Tourist befahren kann, vergeht leicht ein Jahrzehnt, in dem Bergbauvereine, Heimatkundler und Forscher ehrenamtlich jede Menge Dreckarbeit unter und Bürokratie über Tage erledigen: Sie beantragen Grab- und Schürfgenehmigungen, verhandeln mit Berg-, Denkmal-, Wasserwirtschafts-, Naturschutz- und Forstämtern – und natürlich auch mit Geldgebern.

Zehn Jahre brauchen auch die ehemaligen Bergleute in **Wieden**, die schon bei der Stilllegung ihrer Gruben 1972 einen Verein gründen. Noch schwieriger wird es bei Bergwerken, die schon jahrzehntelang verschollen sind:

1954 wird der Zinkabbau am Schauinsland eingestellt, **Freiburgs** »Erzkasten« vergessen. 20 Jahre später spürt ihn der Freiburger Juwelier und Hobbyforscher Berthold Steiber wieder auf. 1996 kann er nach weiteren 20 Jahren Arbeit die ersten Besucher begrüßen. Nur selten allerdings ergibt sich die Möglichkeit, den Barbara- oder Oberriedstollen im Schauinsland zu betreten: Im Zentralen Bergungsort der Bundesrepublik Deutschland ruhen über 870 Millionen Kopien historischer Dokumente: Der Ver-

Eine der wenigen oberirdischen Spuren des Bergbaus im »Erzkasten«: Um die Jahrhundertwende wurde das Wasserkraftwerk bei Oberried gebaut und versorgte das Schauinsland-Bergwerk mit Energie.

tragstext des Westfälischen Friedens, Goethes Manuskripte und auch zehn Millionen Aufnahmen aus dem eingestürzten Kölner Stadtarchiv.

In den 80er-Jahren wird von **Todtmoos** bis **Neuenbürg** geschürft wie zu besten Schatzgräberzeiten. Alte Erzählungen über das verschollene »Silbergründle« machen Bürger von **Seebach** neugierig und sie spüren das einzige Bergwerk des Achertals auf. In **Dornstetten-Hallwangen**, wo bis 1912 Schwerspat abgebaut wurde, muss sich der Förderverein erst durch den Bauschutt wühlen, mit dem der Eingang verfüllt wurde. 50 Jahre nach dem Ende des Baryt-Abbaus sind auch Teile des alten Silberbergwerks in **Waldkirch-Suggental** wieder zugänglich und in **Sexau** stößt der Verein »Buddel und Bruch« in der seit Jahrhunderten überschwemmten »Carolinengrube« auf perfekt erhaltene Reste des mittelalterlichen Bergbaus.

In **Haslach** und **Oberwolfach** erlebt man in der Unterwelt des Kinzigtals die Schönheit von Fluss- und Schwerspat, Kristalldrusen und Stalaktiten ebenso wie die beklemmende Enge der uralten Stollen. Geologische Schaufenster sind auch die Gruben »Heilige Dreikönige« in **Freudenstadt** und »Hella-Glück« in **Neubulach** mit der »Azurithöhle«. Blauer Azurit und

Aus dem Todtmooser »Hoffnungsstollen« kommt im 19. Jahrhundert Kieserz für die Vitriolgewinnung, später Nickel. Aus ihm erschmelzen St. Blasiens Nickelhütten das Neusilber für die ersten Schweizer 20-Rappen-Münzen. Ihre schwefelhaltigen Abgase verursachen dabei ein massives Waldsterben.

grüner Malachit glitzern aber auch über Tage in den »Kristallwelten« und sogar in den alten Stadtmauern: Sie sind aus Abraum gebaut.

Die Pracht der Unterwelt funkelt in Mineraliensammlungen, geologische Lehrpfade und Bergbauwege erschließen alte Halden, Tagebaue und angeschnittene Erzgänge in **Bad Säckingen**, **Bollschweil**, **Dachsberg**, **Eisenbach**, **Gengenbach**, **Schenkenzell**, **Sulzburg** oder **Todtnau**. In **Triberg** hat das Schwarzwaldmuseum sogar einen Stollen nachgebaut. Wie das Erz im Pochwerk bearbeitet wurde, kann man in **Neubulach** und **Hausach** besichtigen und auf der Abraumhalde der Nickelgrube **Dachsberg** ist ein ungewöhnliches Biotop gewachsen: Seltene Flechten haben sich auf genau diese Art von Lebensraum spezialisiert.

Originelle Früchte hat die Zusammenarbeit der Mineralienfreunde mit dem Mathematischen Forschungsinstitut **Oberwolfach** getragen: Das Mineralien- und Mathematikmuseum MiMa vereint die Schönheit der Kristalle mit Multi-Media-Installationen der Mathematiker.

Granatgässle und Karfunkelstadt

In der **Freiburger** Fischerau erinnert das »Granatgässle« an die glanzvolle Vergangenheit der »Bohrer« und »Balierer« (Polierer): Vom 14. Jahrhundert an verarbeiten sie am Gewerbekanal Achat, Jaspis und Karneol aus dem Schwarzwald zu Rosenkranzperlen und beliefern Europas Goldschmiede mit funkelnden Edelsteinen. Bergkristallgefäße der Freiburger »Hohlwerker« zieren die Tafel der Habsburger Kaiser und heute renommierte Sammlungen in Europa und den USA.

Gebohrt und poliert wird vom 15. Jahrhundert an auch in **Waldkirch**. Hier siedeln sich unzufriedene Balierer aus Freiburg an, wo die Platzhirsche der Branche das Handwerk eifersüchtig beherrschen. Die Konkurrenten schließen sich aber bald in einer gemeinsamen Bruderschaft zusammen, die sich mehr denn je gegen Außenseiter abschottet: Nur freie Bürger aus Freiburg und Waldkirch dürfen das Handwerk lernen – mit bis zu sieben Jahren Lehrzeit!

Links: Luxusobjekte der Breisgauer Edelsteinschleifer im Elztalmuseum in Waldkirch. In der Stadt erinnern »Schliffigässle« und »Nudlemühli« an das Edelsteinschleifen, das man dort »Nudeln« nannte. Rechts: In den Granatfabriken haben einst über 400 Menschen Perlenketten für den Italien-Export produziert.

Das Elztalmuseum hat einen der alten Schleiftische aufbewahrt, die einst in vielen Wohnstuben zwischen Elz und Kinzigtal standen. Zeitweise war das Granatschleifen in Heimarbeit ein wichtiges Zubrot für mehrere hundert Familien.

Anfang des 17. Jahrhunderts ernährt das Edelsteingewerbe über 1000 Menschen. Aber Futterneid zwischen Schleifereibesitzern, Bohrern und Balierern prägt die Stimmung ebenso wie der Zank um Wasserrechte und den Zugang zum Edelsteinhandel. Auf illegalen Steinkauf stehen exorbitante Strafen, abtrünnige Balierer werden mit internationalem Haftbefehl gesucht. Trotzdem wandern viele ab, vor allem nach Idar-Oberstein, wo man Edelsteine in Hülle und Fülle schürft. Der Breisgau dagegen wird immer abhängiger von Importen. **Oppenaus** Achatschleifern geht der Rohstoff aus und den Breisgauer Granatschleifern tragen die Lieferverträge mit böhmischen Fürsten nach dem Dreißigjährigen Krieg massenhaft minderwertige Steine ein. Solche Ware wollen sie selbst nicht verarbeiten und geben sie an Heimarbeiter im Kinzigtal und **Oberharmersbach** weiter – vielleicht haben daher die Häuser der »Karfunkelstadt« bei Haslach ihren Namen.

Ende des 19. Jahrhunderts ist das Granatgewerbe fast ausgestorben. Das Waldkircher Elztalmuseum hat ihm eine Ausstellung gewidmet, in der Edelsteinschleiferei Wintermantel kann man noch die wasserbetriebenen Schleifsteine bewundern und modernen Edelsteinschleifern im Technischen Museum der **Pforzheimer** Schmuck- und Uhrenindustrie über die Schulter schauen.

Alabaster und Nachtgeschirr

Eine Hinterlassenschaft des Ozeans, der im Erdaltertum den Schwarzwald bedeckt, sind die imposanten Felsen der Wutachschlucht. Gips und Kalk werden in ihrer Umgebung jahrhundertelang als Baumaterial und Düngemittel abgebaut und Alabaster aus Fützen und Blumegg ist als kunstvolles Dekor in Schloss Salem zu bewundern. An der Wutach treffen sich Tradition und Moderne der Baustoffbranche: Bei **Stühlingen** steht eine der ältesten erhaltenen Gipsmühlen Deutschlands, auf Schweizer Seite zeigt das Gipsmuseum **Schleitheim** den Abbau unter Tage und flussabwärts bei Weizen thront seit 1997 der futuristische Neubau der Sto AG. Sie ist die Nachfolgerin einer Lehmmühle, deren Besitzer sich im 19. Jahrhundert an Portlandzement wagt. Zum Weltkonzern macht sie Wilhelm Stotmeister ab 1954 mit einem neuartigen Verputz.

In **Villingen** arbeiten im 19. Jahrhundert über 1000 Menschen in Ziegeleien, einer Backofenfabrik und der Majolikafabrik Glatz. Im Mittelalter sind Tontöpfe und Geschirr auf den Märkten der Stadt eine Attraktion für das Landvolk. Diskret wickeln

Leider nicht beheizt ist der prachtvolle Kachelofen im Villinger Franziskanermuseum. Darauf kann man Geschichten studieren, die auf den kunstvollen Kacheln eingebrannt sind.

Unübersehbare Risse tun sich in den Häusern der Staufener Altstadt auf, unter der sich der Boden seit einer Erdwärmebohrung unaufhaltsam hebt.

die Hafner daneben mit betuchten Kunden das Geschäft mit wertvollen Kachelöfen ab, für die sie berühmt sind. Ein Pionier der Branche ist der gebürtige Spaichinger Hans Kraut, der sich Mitte des 16. Jahrhunderts als Töpfer und Ofenbauer in Villingen niederlässt: Als einer der ersten nördlich der Alpen überzieht er seine Werke mit leuchtenden Glasuren nach der italienischen Fayencetechnik, sogar der Abt von St. Peter lässt bei ihm arbeiten. Der Erfolg weckt Neid: Hans Krauts Sohn und Nachfolger Jacob wird 1641 der Hexerei beschuldigt und hingerichtet. Einer von Hans Krauts großartigen Öfen ziert heute das Londoner Victoria and Albert Museum, sein Prachtofen im Villinger Rathaus dagegen wurde achtlos entsorgt.

Auch am Westrand des Schwarzwalds, von **Bad Herrenalb** über **Biberach** bis Badenweiler und **Kandern**, werden jahrhundertelang Gips und Ton abgebaut und verarbeitet. In Staufen lassen sie seit 2007 die Wände wackeln: Nach einer Erdwärmebohrung beim Rathaus hebt sich der Boden unter der historischen Altstadt unaufhaltsam – bis zu zehn Zentimeter im Monat! Geologen erklären das unheimliche Geschehen: In den mächtigen Lettenkeuper unter der Stadt dringt Wasser ein, dabei wird Anhydrit zu Gips und quillt auf. Ob die Bohrungen das Debakel verursacht haben, werden wohl Gutachter und Gerichte klären müssen, immerhin sind über 230 Gebäude beschädigt.

Dabei ist **Staufen** eher für den »guten Ton« seiner Töpfermeister und Kunstkeramiker bekannt, denen eine Zweigstelle des Badischen Landesmuseums gewidmet ist.

Kanderns Heimatmuseum vereint drei Jahrhunderte Keramik unter einem Dach. Bei den Tonwerken gründet der Professor der Karlsruher Kunstgewerbeschule Max Laeuger 1897 eine der ersten Kunsttöpfereien Deutschlands, die auch unter seinen Nachfolgern Richard Bampi und Horst Kerstan internationales Renommee genießt. Ihre Arbeiten präsentiert das neue Keramik-Kabinett auf Schloss Bürgeln bei **Schliengen**. Die traditionsreichen Tonwerke sind seit 1998 stillgelegt, ihre Gründerfamilie liefert heute feuerfeste Steine

Im Original erhalten ist die Töpferwerkstatt in der Außenstelle des Badischen Landesmuseums in Staufen. Hier hat Josef Maier volkstümliches Gebrauchsgeschirr für den Alltag gefertigt. Von seinem Schwiegersohn, dem Bauhaus-Schüler Egon Bregger, stammt die wertvolle Kunstkeramik des Museums.

Das weltgrößte WC mit Aussichtsplattform an der Front des Duravit-Design-Centers in Hornberg zeigt: Hier werden wichtige Geschäfte verschönt.

aus Kanderner Ton: Schamottsteine und Spezialprodukte für Ofensetzer, Kaminbauer und Industrie.

Ende des 18. Jahrhunderts macht das neuartige »Wedgwood«-Geschirr aus England auch auf dem Kontinent Furore: Sein Steingut kommt dem Porzellan nahe, ist aber wesentlich billiger. Bald kommt Wedgwood-Ware aus **Zell am Harmersbach** auf den Markt. Mitte des 19. Jahrhunderts sind Zeller Fabrikanten mit feuerfestem Kochgeschirr, Majolika-Blumentöpfen, Baukeramik und Porzellan-Uhrenschildern im Geschäft. Marketing ist ihnen wahrscheinlich kein Begriff, aber sie beherrschen es ausgezeichnet. Sie legen Wert auf modernes Design, präsentieren sich im Stil von Biedermeier oder Bauhaus und kreieren eigene Geschirrserien. Die 100 Jahre alte Kinderserie »Hahn und Henne« ist heute ein Kultobjekt mit über 150 Teilen und 200 Accessoires. Fans können im Werk zusehen, wie sie von Hand bemalt wird, Zeller Keramik von einst bis heute ist im Museum zu sehen.

Ein Schüler der Zeller Keramik gründet 1820 in Schramberg Württembergs erste Steingutfabrik. Nach Zeller Vorbild gewinnt Isidor Faist den Pächter des örtlichen Eisenwerks als Partner. Gemeinsam sind sie mit Tellern, Schüsseln, Vasen und Porzellan-Uhrenschildern erfolgreich. Vor der Übernahme durch Villeroy & Boch 1883 arbeiten mehrere Hundert Menschen für die Firma, viele davon in Heimarbeit. 1911 kaufen Moritz und Leopold Meyer das Unternehmen. Sie holen bekannte Künstler nach **Schramberg**, bis es nach dem Tod des Firmenerben rapide bergab geht. 1989 wird die Fabrik geschlossen, 2009 entsteht auf dem historischen Areal der Majolika Firmenpark.

Bedrucktes Steingut – Schwarzwälder Bildergeschirr – haben das **Hornberger** Stadtmuseum und das **Freiburger** Augustinermuseum gesammelt. Zu Weltrang steigt die Hornberger Steingutfabrik allerdings mit Nachtgeschirr auf: Heute verschönt Duravit Millionen Badezimmer mit Sanitärkeramik, Wannen- und Wellnessprodukten.

Das hölzerne Zeitalter

»Holzriesen« und Holzhauer

Bis ins 19. Jahrhundert ist die Wirtschaft vom Holz ebenso abhängig wie heute vom Erdöl. Ihre Pipelines sind die Flüsse, auf denen riesige Holzlawinen zu Tal treiben. Basel sichert sich feste Einfuhrmengen über die Wiese, reiche Straßburger erwerben im 13. Jahrhundert Waldbesitz im Schwarzwald, die Münsterbauhütte bezieht Holz aus dem Kinzigtal und Gengenbachs Abt steigt in den Holzhandel ein. »Das Volck so bey der Kyntzig wohnet, ernehret sich mit den großen Bawhölzern, die sie durch das Wasser Kyntzig gen Straßburg in den Rhein flötzen«, notiert der Humanist Sebastian Münster 1544 in seiner Weltbeschreibung »Cosmographia«.

»Das Volck so bey der Kyntzig wohnet ...« fährt noch heute, wie vor 700 Jahren, auf seinen Flößen die Kinzig hinab – zumindest beim Wolfacher Flößerfest.

Holzhandel und Flößerei schaffen Arbeitsplätze: Im einstigen Bauerndorf Dobel zwischen Enz und Alb arbeitet im 19. Jahrhundert jeder dritte Mann als Holzhauer und man holt sogar Gastarbeiter. Anton Rindeschwender, Sohn eines Tiroler Holzfällers, steigt im badischen Murgtal zum Floßherren, erfolgreichen Unternehmer und »Fürstlichen Ökonomierat« auf. Die meisten Holzhauer aber bleiben arme Leute. Im württembergischen Murgtal überlässt man ihnen kleine Blockhütten und etwas Land, aber als ein wochen-

Flößerei, Holzhandel und Bergbau machen Wolfach reich. Hier baut der Landgraf von Fürstenberg-Stühlingen im 17. Jahrhundert das gewaltige Schloss, dessen 100 Meter lange Front das Wolftal abriegelt.

langes Feuer im August des Jahres 1800 bei Baiersbronn über 2000 Hektar Wald vernichtet, fordern die Behörden alles entschädigungslos zurück. Der Protest der verzweifelten Menschen findet Gehör beim König und Baiersbronn darf sie als Bürger aufnehmen.

Die Arbeit der Holzhauer ist hart und gefährlich: Der »Stämmler« klettert im Winter auf die eisglatten Bäume, kappt die Spitze und schlägt die Äste ab, damit die Stämme im Fallen möglichst wenig Schaden anrichten. Um die Stämme – ohne Traktor oder Rückemaschine – von den hochgelegenen Hängen zum nächsten Fluss zu schaffen, legt man kilometerlange Rutschbahnen an, die »Riesen«: Bachbetten werden mit Steinen ausgekleidet, manche Riesen sind ganz aus Holz, haben überhöhte Seitenwände wie eine Bobbahn, kleine Brücken über Bäche und Mulden und sogar Weichen, um das Holz zu lenken. In der vereisten Riese donnern die Stämme wie Geschosse zu Tal – lebensgefährlich für den Arbeiter an der Strecke, der sie auf Kurs halten soll. Am Kurhaus in **Bad Rippoldsau** wurde eine »Riese« nachgebaut, ein Modell steht im **Gutacher** Freilichtmuseum und mancher Wanderweg folgt der Trasse ehemaliger Holzriesen.

Der »Ritt auf dem Schwall«

»Wildflößer« lassen Scheiterholz, Bretter und Pfähle frei zu Tal treiben, Krone des Gewerbes aber sind die großen Flöße aus zusammengebundenen Stämmen, die obenauf auch noch wertvolle »Oblast« befördern: Holzkohle, Pottasche, Teer und Harz, aber auch Passagiere und Eichenholz, das wegen seines Gewichtes schlecht schwimmt. Zusammengestellt werden sie an »Einbindestellen« am Oberlauf der Flüsse wie bei **Unterreichenbach** oder in der »Monhardter Wasserstube«, an die heute ein kleines Stauwehr an der Nagold bei **Altensteig** erinnert. Alle zwei Jahre machen sich hier beim Flößerfest die Männer an die Arbeit, in den gewaltigen Stiefeln, die schon Wilhelm Hauff fasziniert haben: »... die

Links: Schweißtreibende Arbeit für harte Flößergesellen: Kleine Baumstämmchen werden im »Bähofen« buchstäblich weichgekocht und am »Wiedbengel« zu Seilen gedreht. Rechts: Kunstvolle Arbeit: »Wieden« binden die Baumstämme zum »Gestöhr« und die »Gestöhre« zum Floß zusammen wie Eisenbahnwaggons, mit etwas Abstand dazwischen, damit das Ganze auch um die Kurven kommt.

größten wahrscheinlich, welche auf irgendeinem Teil der Erde Mode sind; denn sie können zwei Spannen weit über das Knie hinaufgezogen werden, und die »Flözer« können damit in drei Schuh tiefem Wasser umherwandeln, ohne sich die Füße nass zu machen.«

Das ist auch nötig, denn die Stämme werden im eisigen Wasser zusammengebunden – nicht mit Seilen oder Ketten, sondern »Wieden«: Anfangs nimmt man biegsame Weidenruten, später lange Äste oder dünne Baumstämme, die man mit Hitze elastisch macht und zu Seilen dreht.

Je acht etwa gleich lange Stämme werden zu »Gestöhren« zusammengebunden, die man wie Waggons zum Floß aneinanderkoppelt. Das erste Gestöhr, der »Vorplätz«, dient zum Lenken, hinten arbeitet der wichtigste und stärkste Mann auf dem Floß: Der Bremser. Auf das berühmte Kommando »Joggele sperr!« setzt er einen zentnerschweren Eichenstamm, den »Sperrbengel«, durch ein Loch im Floß auf den Flussgrund und lässt ihn schleifen, damit die hinteren Gestöhre nicht auf die vorderen auflaufen und das ganze Floß sich zum berüchtigten »Ellenbogen« verkeilt.

Für tonnenschwere Flöße führen die Bergbäche oft zu wenig Wasser. Die Flößer bauen deshalb Wehre und Wasserstuben, wie man sie auf dem Flößerpfad bei **Alpirsbach** sieht, oder

Niedrigwasser in der Murg – kein Durchkommen für Flöße!

legen künstliche Seen wie den Poppelsee bei Enzklösterle an.

Sobald das Wehr an der Wasserstube geöffnet wird, fährt das Floß »auf dem Schwall« zu Tal. Der Bremser sorgt dafür, dass es genau mit der Flutwelle schwimmt und nicht auf Grund läuft.

Die Wolfacher Kinzigflößer haben in Schiltach einen historischen Gamber, ein ausgeklügeltes hölzernes Wehr, rekonstruiert. Sie berichten, dass die Fahrt von Schiltach bis Willstätt bei guter Wasserführung einen Tag gedauert habe, eine Woche dagegen bei Niedrigwasser, wenn sich die Flößer mühsam von Wehr zu Wehr abwärtshangeln mussten.

Der »Ritt auf dem Schwall« kostet manchen Flößer das Leben. »Hölle« heißt die berüchtigte Felsenschlucht am Heubach bei Schiltach. Wilhelm Hasemann aus der Gutacher Malerkolonie hat den Höllenritt in einer Zeichenserie über die Flößerei festgehalten. Pfarrer Heinrich Hansjakob schildert ihn in einer Erzählung vom Vaterunser vor dem Start im »hintern Heuwich« bis zur »Flözerzeche« im Engel zu Schiltach – einem Festmahl mit »Nudelsuppe, Rindfleisch mit Meerrettig und Rahnen (Rotrüben), Schinken und Schweinebraten mit Sauerkraut, Saueressen und Küchle, eingemachtem Kalbfleisch mit Gugelhopf, Kalbsbraten und Salat.«

Zeitgenossen beschreiben die Flößer als grob, rau und händelsüchtig, legendär ist ihr Durst: »Erst vier Liter füllen den Flößermagen«, heißt es. An den Haltestellen am Neckar bringt man den Wein im Eimer aufs Floß, im Kinzigtal in einem Fässchen, der »Logel«: »So oft sie unterwegs gefüllt werden mußte, ging es auf Kosten der Schifferherren. Blieben sie an einem Orte liegen, sei es aus Wassermangel oder weil der Steuermann auffuhr, so war ... der einzige Trost die Logel«, berichtet Hansjakob. Auch der Rückweg sei eine echte Flößerleistung gewesen, »von Willstätt bis Wolfe, zwölf Wegstunden weit, sich durchzutrinken«.

Holzreichtum

Hinter den rauen trinkfesten Kerlen in ihren Flößerstiefeln stehen einflussreiche Holzhändler mit Kapital, denn der Ausbau der Flüsse und Bäche, Riesen und Wasserstuben ist teuer. Man braucht Erfahrung im Exportgeschäft, schließlich passiert ein Floß von Alpirsbach bis Kehl zehn Grenzen, und man braucht Beziehungen, da die Nutzung der Wasserstraßen ein Privileg der Landesherren ist. Diese fördern die Flößerei, weil sie das Holz für ihre Fabriken und Bergwerke liefert und obendrein Geld in die Kasse bringt. 1342 erklären Baden und Württemberg deshalb Enz, Nagold, Würm und Neckar zu offenen Wasserstraßen, die jeder gegen Gebühr nutzen kann.

1488 verleiht der badische Markgraf der **Gernsbacher** Murgschifferschaft das exklusive Recht zum Holztransport und -handel von Schönmünzach bis Gaggenau. Sie besitzt zahlreiche Sägewerke und erwirbt im 16. Jahrhundert auch riesige Wälder. **Gaggenaus** Flößermuseum war einst das Sommerhaus des Schiffervorstands Jakob Kast. 25 Jahre lang organisiert er im Auftrag des Markgrafen den Holzhandel, macht Genossen, Ar-

Das Alte Rathaus in Gernsbach: Kein Geringerer als Heidelbergs Hofbaumeister Johann Schoch errichtete es 1617 als Wohnhaus für die »Murgschiffer«-Familie Kast. Es gilt als eines der bedeutendsten Wohngebäude der späten Renaissance in Süddeutschland.

Schiltachs Fachwerkidylle zeugt von dem Wohlstand, den Gerber und Flößer vor Jahrhunderten ins Kinzigtal gebracht haben. Bei aller Romantik ist die über 700 Jahre alte Stadt heute Standort hochmoderner Industriebetriebe.

beiter und Bauern durch Kredite von sich abhängig und hinterlässt bei seinem Tod 1615 ein Vermögen. Sein Sohn lässt sich Gernsbachs heutiges Wahrzeichen, das »Alte Rathaus«, als Wohnhaus erbauen, die Schifferdynastie Katz hinterlässt der Stadt ihren südländischen Barockgarten.

Nach Pforzheims Flößerordnung von 1501 darf kein Schiffer selber Holz hauen. Dafür müssen die Flößer von Nagold und oberer Enz ihr Holz in Pforzheim abgeben und dürfen keine Sägemühlen unterhalb der Stadt beliefern. Allerdings sind die württembergischen Flusstäler oberhalb von Pforzheim gespickt mit Sägewerken – ein halbes Dutzend allein in Calmbach. Eines der größten in ganz Süddeutschland gründet der Flößer Abraham Krauth 1775 bei **Neuenbürg** und in Höfen zeugen prachtvolle Villen vom Wohlstand der Familien Krauth, Klumpp, Bodamer und Commerell.

Im Kinzigtal lässt das Kloster Alpirsbach seit dem 14. Jahrhundert Holz aus dem Nordrach- und Harmersbachtal zum Rhein flößen. Gemeinsam mit den württembergischen und fürstenbergischen Landesherren verleiht der Abt den Schiffergesellschaften in **Wolfach**, **Schiltach** und **Alpirsbach** ein Monopol, das sie über 300 Jahre lang nicht aus den Hand geben: An ihren Häfen endet die Fahrt für die Flößer aus den Seitentälern.

Als Generalunternehmer der vorderösterreichischen Regierung liefert die Krozinger Familie Litschgi Bau- und Brennholz aus dem Südschwarzwald an die Festung Breisach. Die »Fugger des Breisgaus« bauen Floßkanäle von St. Ulrich sowie durch das Wiesental und versorgen damit auch ihre eigenen Eisenwerke mit Brennholz.

Der Holländer Michel

Einen einzigartigen Boom erlebt der Holzhandel, als Holland zur Seemacht aufsteigt und allein die Werften in Edam bis zu 100 Schiffe im Jahr vom Stapel lassen. Nach Schätzung von Historikern braucht man für ein Kriegsschiff rund 4000 Eichen. Dazu kommen zahllose Bohlen, die Amsterdam auf schwankendem Boden stützen.

»Holländerstämme« sind Langholz der Spitzenklasse: Mindestens 18, oft über 30 Meter lang und noch am Zopf, dem dünnen Ende, über 30 Zentimeter stark.

1691 gehen die ersten 1000 Holländerstämme aus dem Wildbader und Liebenzeller Forst auf die dreimonatige Reise an die Nordsee. In Mannheim steigen die Schwarzwaldflößer aus und wandern zu Fuß zurück. Auf dem Rhein haben sie ebenso wenig verloren wie die Flößer von Murg und Kinzig, für die meist in Steinmauern und Willstätt Endstation ist. Unterhalb der Loreley wird eine schwimmende Insel von Fußballfeldgröße zusammengebunden. Mit mehreren Lagen Holz übereinander hat sie bis zu drei Metern Tiefgang und trägt ein kleines Dorf, in dem 400 bis 500 Ruderknechte und Arbeiter samt Schweinen und Ochsen leben.

Im Hollandhandel locken traumhafte Gewinnspannen. Deshalb verbietet Württembergs Herzog 1745 Holzlieferungen aus dem oberen Murgtal an die Sägewerke der badischen Murgschiffer und überträgt die Ausbeutung der Wälder an Handelsgesellschaften mit dem nötigen Risikokapital: Sie müssen unberührte Waldgebiete erschließen und die Wasserläufe weiter ausbauen. Weil eine enge Felsschlucht im Murgtal den Weg zum Rhein versperrt, weicht man auf Enz und Nagold aus – also an den Osthang des Schwarzwalds: Ab 1755 schleppt ein mechanischer Aufzug bei **Baiersbronn** mächtige Stämme durch eine steile Holzrinne über 350 Höhenmeter hinauf nach Besenfeld. Von dort donnern sie über lange Riesen zu Tal. Arbeiter kurbeln die Laufräder der »Huzenbacher Ma-

Calws prächtigstes Patrizierhaus ist das Palais Vischer, das heutige Stadtmuseum, 1787 erbaut vom Chef der Holzhandelscompagnie Johann Martin Vischer.

chine« an, die nach zahlreichen Unfällen aber aufgegeben wird.

Daneben baut man aus Tausenden junger Bäume bei Klosterreichenbach einen Bohlenweg, auf dem Pferde und Ochsen über 70 000 Tannen von der Murg auf die Kammhöhe schleppen. Das »Tannenfuhrwerk« bleibt bis 1785 in Betrieb, selbst als die Murg doch noch freigesprengt wird: Die Verhandlungen mit Gernsbach, wo der Markgraf und das Hochstift Speyer gemeinsam regieren, sind eine härtere Nuss als der Forbacher Granit.

Der Aufwand lohnt sich: »Die Actionairs erhalten eine außerordentlich starke Dividende«, notiert ein dänischer Reisender im 18. Jahrhundert.

Von solchen Dividenden zeugt das Wohnpalais des Vorstands der »Calwer Holländer-Holz-Compagnie Vischer & Co«. Sie ist ein Zweig der mächtigen Calwer Zeughandelscompagnie mit dickem Kapitalpolster, langjähriger Managementerfahrung und blendenden Beziehungen. **Bad Wildbads** Flößermuseum in Calmbach residiert im mächtigen Fachwerkhaus des Compagnie-Teilhabers

Johann Friedrich Goßweiler, Anteilseigner an Sägewerken und Mahlmühlen, größter Arbeitgeber, Rat und Richter der Gemeinde.

Reiche Holzhändler aus Neuenbürg und Herrenalb kaufen das markgräfliche Eisenwerk in Pforzheim. Die Firma Benckiser macht sich einen Namen mit Eisenbahnbrücken wie der berühmten Gitternetzbrücke in Waldshut. Bei Benckiser lernt der junge Carl Benz 1869 die Geheimnisse des Brückenbaus kennen – und die Zimmermannstochter Bertha Ringer. Als Benckiser 1890 den Brückenbau einstellt, ist Johann Adam Benckisers Chemiefirma in Ludwigshafen längst auf dem Weg zum Weltkonzern.

Der Reichtum der Händler und Schifferherren löst Unbehagen aus. 1827 beschreibt Wilhelm Hauff in seinem Märchen »Das kalte Herz«, wie die armen Waldleute die Hollandfahrer bestaunen: »mit stattlichen Kleidern, an Knöpfen, Schnallen und Ketten einen halben Zentner Silber auf dem Leib ..., wenn sie mit ausgespreizten Beinen und vornehmen Gesichtern dem Tanz zuschauten, holländisch fluchten und wie die vornehmsten Mynheers aus ellenlangen kölnischen Pfeifen rauchten ...« Der Schlimmste ist der »Holländer Michel«: Im Tausch für Macht und Reichtum ersetzt er das Herz der Menschen durch einen Stein.

Der Hollandhandel nimmt ein böses Ende, denn »so oft Holländer-Michel in einer Sturmnacht im Schwarzwald eine Tanne fällt, springt eine seiner alten aus den Fugen des Schiffes ... und das Schiff ist mit Mann und Maus verloren.« Tatsächlich sägt sich der Holzhandel den Ast ab, auf dem er sitzt: Allein

Wilhelm Hauffs Märchen »Das kalte Herz« kann man als begehbaren Film in Schloss Neuenbürg erleben, im Märchenmuseum Baiersbronn oder als GPS-gestützte Schatzsuche auf Baiersbronns Wanderwegen.

In Bad Wildbads Ortsteil Calmbach erinnern Flößerstatue und -museum an die lange Tradition der Enzflößerei.

1715 schwimmen nach Schätzungen der Nagoldflößer 14 000 Holländerstämme und eine halbe Million Balken, Dielen und Latten ins Ausland. Daneben verschlingen heimische Glas- und Eisenhütten enorme Mengen des Rohstoffs.

1767 muss die Calwer Compagnie die Arbeit am Kniebis mangels Holz einstellen. Forstleute schätzen, dass Ende des 18. Jahrhunderts nur noch ein Drittel des Schwarzwalds bewaldet ist. Die Holzhauerdörfer verelenden, die Rendite der Händler schrumpft. Mit schnell wachsenden Fichten wird kräftig aufgeforstet und die Flößerei erlebt einen letzten Boom, bis sie Anfang des 20. Jahrhunderts endgültig eingestellt wird.

Die Erben der Murgschiffer steigen in die Papierindustrie ein, treiben den Eisenbahnbau voran, ihre Sägewerke liefern Bahnschwellen und Telegrafenmasten. Heute bewirtschaftet die Murgschifferschaft als genossenschaftlicher Forstbetrieb den 5000 Hektar großen Schifferwald. Größter »Murgschiffer« ist das Land Baden-Württemberg.

Jahrhundertealte Schwarzwaldtannen sind der Stolz des Bannwalds »Große Tannen« bei Kälberbronn-Pfalzgrafenweiler. Auf der Weltausstellung Expo 2000 stützen 70 mächtige Weißtannen aus dem Südschwarzwald das größte freitragende Holzdach der Welt – Stämme, die der »Holländer Michel« einst an die Nordsee geflößt hätte. Seit kurzem schwimmen solche Riesen wieder den Rhein hinab: Containerfracht für Japan, wo man ihr helles astfreies Holz für die traditionellen Totenbretter entdeckt hat. Und in Fässchen aus Schwarzwaldeiche reifen Cognac und Barrique-Wein.

Wasserkraft – ja bitte!

Schwarzwaldmühlen

Paul Schulz' bekanntes Mühlenlied untertreibt: Es steht nicht »eine Mühle im Schwarzwälder Tal«: 1805 werden allein im unteren Murgtal über 80 gezählt, über 1400 sollen es im ganzen Schwarzwald gewesen sein. Jahrhundertelang halten Wasserräder die Wirtschaft in Schwung – den Webstuhl ebenso gut wie den Blasebalg des Hochofens: Sie mahlen Getreide, Öl, Senf, Rinde und Gips, sägen Holz, reiben Flachs, walken Tuche und Leder, pochen und hämmern Erz und Stahl, pumpen Wasser, stampfen Hadern und Holzspäne oder schleifen Edelsteine und Sensen. Mit fünf Mahl- und Stampfwerken konnte die historische Gipsmühle bei **Stühlingen** zugleich auch Getreide, Öl und Flachs verarbeiten.

Viele Mühlen verdanken ihr Überleben der traditionellen Schanklizenz des Müllers und mahlen heute für Ausflugsgäste wie einst für romantisch inspirierte Sommerfrischler: So soll die Poppelmühle bei Enzklösterle

Auf der Hanfreibe, die heute im Freilichtmuseum Vogtsbauernhof steht, wurden bis ins 20. Jahrhundert Hanfzöpfe unter dem schweren Granitstein gewalzt, so dass zurückgebliebene Holzteilchen zerquetscht und die Fasern weich wurden.

Die Wasserräder der Hexenlochmühle bei Furtwangen lieferten ab 1825 die Energie für ein Sägewerk, eine Nagelschmiede und eine Uhrmacherwerkstatt. Heute ist sie ein beliebtes Ausflugsziel.

Vorbild für Wilhelm Hauffs »Wirtshaus im Spessart« gewesen und Ludwig Auerbachs Gedicht »O Schwarzwald, O Heimat« in der Oberen Kapfenhardter Mühle bei Schömberg entstanden sein. Seit elf Generationen ist sie im Besitz der Familie Mönch, die in der Unteren Mühle zeigt, wie Mühlenrenaissance zwischen Nostalgie und Fortschritt aussehen kann: Das alte Holzmühlrad ist Wahrzeichen des Tagungs- und Wellness-Hotels, die Küche serviert Forellen aus dem Mühlenteich sowie Fleisch und Wurst aus der Hausschlachtung. Die Mühle erzeugt Strom, mahlt Getreide und presst Raps. Das Öl wird an der hauseigenen Tankstelle verkauft oder im Blockheizwerk verfeuert, der Rapskuchen verfüttert.

Die Deutsche Gesellschaft für Mühlenkunde und Mühlenerhaltung nennt mehr als 100 noch erhaltene Schwarzwaldmühlen. Fast jeder Ort ist stolz auf »seine« liebevoll restaurierten Mühlen, **Ettenheim**, **Ottenhöfen**, **Simonswald**, **Hornberg** und **Königsfeld** haben Mühlen-Wanderwege angelegt und in **Seelbach** zeigt ein Mühlenmuseum die Vielseitigkeit der Schwarzwaldmühlen.

Ein einträgliches Geschäft waren die Pulvermühlen, auch wenn es dort immer wieder kräftig krachte: **Rottweils** »Bulfermil« beschäftigt

1917 über 2000 Menschen, ihr Eigentümer Max Duttenhofer finanziert mit dem Profit die Gründung der Daimler-Motoren-Gesellschaft. Heute steht auf dem Areal eines der schönsten Existenzgründerzentren Deutschlands mit über 40 sorgsam sanierten denkmalgeschützten Gebäuden vom Badhaus der Arbeiter bis zum Museumssaal, wo einst Waffenhändler, Könige und Regierungsdelegationen empfangen wurden. Das alte Kraftwerk mit dem »Kolossaal« dient als spektakulärer Veranstaltungsort.

Die Feudalherren kassieren jahrhundertelang von den Untertanen, die ausschließlich in der herrschaftlichen »Bannmühle« mahlen dürfen. Nur abgelegene Höfe haben eigene kleine Mühlen, mit denen erfinderische Bauern beileibe nicht nur Getreide mahlen: Wie bei **Hinterzarten** spannt mancher Bauer ein Endlos-Drahtseil von den Wasserrädern direkt zum Hof, betreibt seine Werkstatt mit Wasserkraft und muss Getreide- und Mehlsäcke nicht auf und ab schleppen.

Einen solchen Seiltrieb macht der Schollacher »Schneckenwirt« Robert Winterhalder 1908 zum ersten Skilift der Welt, als er seine asthmakranken Kurgäste zur Bergstation des hauseigenen Skihangs emporkeuchen sieht. Seine Patenturkunde hängt heute im Triberger Schwarzwaldmuseum, aber auf Investorensuche blitzt der Schneckenwirt ab, ein Karlsruher Hofrat lässt ihn wissen: Ohne Doktor- oder Ingenieurtitel geht gar nichts.

Schwarzwälder Mühlen- und Wasserbauer leisten auch ohne Ingenieurtitel Erstaunliches, um die Flüsse zu zähmen, die bis zu 1000 Höhenmeter zu Tal stürzen. Auf mancher Wanderung entdeckt man Reste der »Wuhren«: Diese kilometerlangen Kanäle überziehen seit dem Mittelalter die Hänge und leiten die Bäche auf die Wiesen der Bauern, zu Müh-

»Rickeracke, Rickeracke! Geht die Mühle mit Geknacke ...« – und aus dem »Kleiekotzer« der alten Hausmühle könnten Max und Moritz rieseln – »Fein geschroten und in Stücken«.

len, Sägewerken, Textilfabriken und Eisenhämmern.

Freiburg entwickelt im 13. Jahrhundert das ausgeklügelte System der »Runzen« – nach dem alemannischen Wort für »rinnen«: Kleine Kanäle versorgen die Stadt mit Brauch- und Löschwasser und der Wasserkraft der Dreisam. Der Gewerbekanal gibt Freiburgs Fischerau noch heute einen Hauch Venedig. Hier siedeln sich Handwerker an, später Fabriken und kleine Wasserkraftwerke. Seit dem 16. Jahrhundert speist ein Tunnel durch den Schlossberg die Bächle, ihre offenen Rinnen sind ein Wahrzeichen der Altstadt und jeder Besucher, der versehentlich hineintritt, heiratet später eine Freiburgerin, so die Legende.

Die Wassernutzung führt zwangsläufig zu Konflikten: Wenn Flößer den Bach aufstauen oder Bauern ihre Wiesen wässern, stehen weiter unten Mühlen, Schleifsteine und Hammerwerke still. Freiburg gründet deshalb schon im 16. Jahrhundert die »Runzgenossenschaften«, denen sich alle Nutzer anschließen müssen. Sie halten die Kanäle instand und sorgen für eine gerechte Verteilung des Wassers – wenn die Dreisam nicht will, sitzen die Betriebe trotzdem auf dem Trockenen. Die »Runz der Werksbesitzer«, der einst die großen Fabrikanten der Stadt angehörten, ist bis heute aktiv und der jährliche Bachabschlag, wenn Gewerbekanal und Bächle trockengelegt und geputzt werden, noch immer ein heißes Thema.

Unter Strom

Wasserkraft hilft der Wirtschaft des Schwarzwalds im 19. Jahrhundert durch ihre Energiekrise: Als alle Welt auf moderne Dampfmaschinen setzt, sind die Holzvorräte ausgebeutet und Kohle sündhaft teuer durch weite Transporte. Die erste Wasserturbine, von Benoit Fourneyron in Frankreich erfunden, treibt 1834 St. Blasiens Spinnmaschinen an und macht die alte Klostermühle zum Wallfahrtsort für Ingenieure. Diese Turbine steht heute im Deutschen Museum in München – wie auch der Drehstromgenerator des Offenburger Ingenieurs Friedrich Haselwander. Er macht die Stromübertragung über weite Strecken möglich, allerdings unterliegt ihr Erfinder 1891 im Patentstreit gegen die Großindustrie.

Baden bleibt Strompionier: 1898 geht Europas erstes Flusskraftwerk bei Rheinfelden ans Netz. Von den Papier- und Glasfabriken an der Murg bis zur Textilindustrie im Wiesental rüsten Betriebe ihre Turbinen zur Stromproduktion auf: 1883 geht in der Triberger Gießerei Siedle das Licht an, MEZ spinnt Seidenfäden mit Strom aus seinem Kraftwerk am Freiburger Gewerbekanal, Triberg macht Schlagzeilen mit der Illumination der Wasserfälle.

In den 20er-Jahren errichtet **Bräunlingen** im Bregtal die Brändbachtalsperre, **Vöhrenbach** gibt zum Bau der Linachtalsperre sogar Schuld-

Oben: Historisches Stauwehr bei Zell im Wiesental. Unten: Durch ihr schieres Gewicht hält die Gussbetonmauer der Schwarzenbachtalsperre dem Druck von 14 Millionen Tonnen Wasser stand. Bis 2019 will die EnBW auf einem Höhenrücken 300 Meter oberhalb des Stausees ein Speicherbecken für ein zweites Kraftwerk bauen.

verschreibungen auf den städtischen Waldbesitz aus. 1969 wird die Stromproduktion im Linachtal eingestellt, weil ein Großkonzern billiger liefert. 20 Jahre später wird der See abgelassen und die Staumauer soll abgerissen werden. Aber eine einzigartige Initiative treibt über sieben Millionen Euro aus Fördermitteln für erneuerbare Energien, Zuschüssen und Spenden von Stadt und Denkmalschutz, Bürgern und Unternehmen auf und lässt die sanierte Linachtalsperre 2008 wieder ans Netz gehen.

Links: Das Bild der einzigartigen Staumauer ziert in der Inflationszeit auch das Notgeld, mit dem Vöhrenbach den Bau der Linachtalsperre finanziert. Nach einem zweiten finanziellen Kraftakt geht sie 2008 – 40 Jahre nach Stilllegung – wieder ans Netz. Rechts: Von der Murgtalsperre Kirschbaumwasen wird das Wasser sechs Kilometer weit in unterirdischen Druckstollen zum Kraftwerk nach Forbach geleitet.

1921 baut die Textilfabrik Brennet in Wehr ein revolutionäres Kraftwerk: Nachts, wenn wenig Strom verbraucht wird, pumpt es mit der überschüssigen Energie Wasser zurück in den Stausee. Das Pumpspeicherwerk dient als »Batterie« für den Strom, der anders nicht gespeichert werden kann, und erreicht bei Verbrauchsspitzen binnen Minuten seine volle Leistung, was beim Braunkohlekraftwerk Stunden dauert. Das Brennet-Kraftwerk ist allerdings auf schwankendem Boden gebaut, sein Speicherbecken bricht 1932 ein.

Die gewaltige Schwarzenbachtalsperre 350 Meter über dem Murgtal dagegen ruht auf **Forbacher** Granit. Das 1926 fertiggestellte Pumpspeicherwerk ist die Keimzelle des Badenwerks und der heutigen Energie Baden-Württemberg (EnBW).

Das Schluchseewerk baut ab 1928 Kraftwerke in **Häusern**, Witznau und Waldshut rund um die Schluchseesperre, 30 Jahre später die Kavernenkraftwerke **Bad Säckingen** und Wehr. Die Maschinenhalle tief im Fels ist ein spannendes Ausflugsziel für technisch Interessierte, beim Energiemuseum **Rickenbach** am Murgtalpfad kann man auch beobachten, wie das Wasser durch einen Schacht in die Tiefe stürzt. Aus dem riesigen

Speicher des Hornbergbeckens bei Herrischried fällt das Wasser durch Druckstollen 630 Meter in die unterirdische Turbinenhalle des Kraftwerks Wehr. Mit 910 Megawatt Leistung ist es einem Atomkraftwerk ebenbürtig – aber nur sieben Stunden lang, dann ist der Wasserspeicher leer.

An der Nagoldtalsperre bei Altensteig wird Strom nur nebenbei erzeugt: Sie dient dem Hochwasserschutz, versorgt den Fluss im Sommer mit ausreichend Wasser und ist ein beliebtes Ausflugsziel. Unerwünscht sind Freizeitaktivitäten dagegen am Stausee der Kleinen Kinzig in Reinerzau bei Freudenstadt: Baden-Württembergs einzige Trinkwassertalsperre versorgt seit 1984 eine Viertelmillion Menschen mit frischem Wasser.

So alt wie die Stromerzeugung im Schwarzwald ist auch der Konflikt um Turbinen, Naturschutz und Fischerei.

Schon der Fürst zu Fürstenberg löst 1895 mit dem Flusskraftwerk Stallegg an der Wutach Proteste aus: Zum Schutz seiner Forellen ringt ihm der »British Fishing Club« in Bad Boll das Versprechen zum Bau der ersten Fischtreppe ab. Heute können oder wollen sich viele Betreiber von Kleinkraftwerken ökologische Verbesserungen ihrer Anlagen nicht leisten. Sie pochen auf jahrhundertealte Wasserrechte, Neubaugenehmigungen sind kaum noch zu bekommen. Das spürt auch die Wasserkraft Volk AG in Gutach im Breisgau: Der Ausrüster kleiner und mittlerer Was-

Seit den 90er-Jahren ducken sich die Windräder zu Füßen des 206 Meter hohen Sendeturms des SWR. Die Windverhältnisse auf der Hornisgrinde, dem höchsten Berg des Nordschwarzwalds, sollen besser sein als an der See.

Verspargelt? Schwarzwaldlandschaft bei Schonach. Im Volksmund: »Trittins Rache«

serkraftanlagen macht seinen Umsatz überwiegend im Ausland.

Ins Kreuzfeuer geraten auch die Projekte der großen Konzerne. Die Schluchseewerk AG will für 700 Millionen Euro ein neues Kavernenkraftwerk bauen. Dazu müssen weitere Speicherseen bei Atdorf in der Nähe des Hornbergbeckens und im Haselbachtal gebaut werden. Gegner warnen vor Schäden für Trinkwasser, Heilquellen und Tourismus und der Verschandelung von Natur und Landschaft. Bad Säckingen ist ein gebranntes Kind: Beim Kraftwerksbau 1967 war schon einmal eine Heilquelle versiegt.

Die heißesten Eisen im Streit um sauberen Strom aber sind die Windräder, die nach Meinung ihrer Kritiker die Landschaft verspargeln, Vögel zerhacken und Touristen verscheuchen. Auf der Hornisgrinde gehen sie Mitte der 90er-Jahre noch recht geräuschlos in Betrieb, rund um den Schauinsland gibt es handfesten Krach: Kaum drückt Freiburgs grüner Oberbürgermeister Salomon den Startknopf, lässt Ministerpräsident Teufel die Baugenehmigung der Stadt rückwirkend kassieren. Während des Streits vor den Verwaltungsgerichten liefert die Regiowind GmbH weiter Strom für mehr als 5000 Haushalte. Das darf sie auch künftig – bis zum Jahr 2024, so der Vergleich, auf den sich Stadt, Land und Betreiber zuletzt geeinigt haben.

14 mächtige Windräder drehen sich seit 2007 in Baden-Württembergs größtem Windpark bei Simmersfeld im Kreis Calw. Die bis zu 140 Meter hohen Riesen ersetzen jährlich 20 000 Kubikmeter Heizöl, Umweltministerin Tanja Gönner lobt sie als »Leuchtturmprojekt«. Zuvor aber haben sie fünf Jahre lang Verwaltungsgerichte und Landtag beschäftigt. Ihr Standort auf dem Gelände eines ehemaligen Munitionsdepots hat Gnade gefunden vor den Augen der Genehmigungsbehörden. Das wird künftig immer schwieriger: Regionalpläne weisen zwar Vorranggebiete für Windkraft aus, beschreiben aber meist Standorte, wo die Windräder möglichst wenig stören – nicht jene, wo der Wind weht, kritisieren Befürworter der Windenergie.

Nicht von Pappe: die Papiermacher

Das Dreiländereck am Schwarzwald kann mit Nürnberg und Ravensburg um den Titel »Wiege der deutschen Papiermacherei« konkurrieren: Aus dem Jahr 1375 stammen die Rechnungen eines Schopfheimer Papiermachers, die jüngst in Akten der Stadt Basel entdeckt wurden. Zehn Jahre nach Gutenbergs ersten Bibeln aus Mainz druckt Johannes Mentelin in Straßburg die erste deutschsprachige Bibel. Straßburger Patrizier besitzen Papiermühlen in Gengenbach, Waldkirch, Oberachern und Lautenbach an der Rench. Die jungen Universitäten in Freiburg und Basel haben Papierbedarf, Basel wird ein Zentrum des Druckgewerbes, hier zeichnet Albrecht Dürer auf das legendäre Papier mit der Narrenkappe als Wasserzeichen. Es stammt aus den Hochburgen der alemannischen Fasnet: Villingen, Schramberg, Rottweil, Schopfheim und Basel.

Berühmte »Papierer« wie die Familie Galliciani aus der Lombardei und dem Piemont arbeiten im 15. Jahrhundert in **Basel**, Lörrach und in der »Buhlschen Mühle« in Ettlingen, die Papier für die markgräflichen Kanzleien schöpft. Die Familie

Stillgelegt: Nur der Schriftzug an der ehemaligen Forbacher Papierfabrik Wolfsheck erinnert an die Ära Holtzmann im Murgtal.

Rivinius betreibt im 18. Jahrhundert Papiermühlen in Wildbad, Gültlingen, Enzberg und Hirsau.

Das klare Wasser und die Energie seiner Flüsse locken die Papiermacher in den Schwarzwald, nicht etwa das Holz: Bis ins 19. Jahrhundert sind

Bierdeckel aller Länder vereinigen sich bei Katz International Coasters in Weisenbach: Zehn Millionen Pappuntersetzer in zig Sprachen verlassen täglich das Werk im Murgtal.

Lumpen der wichtigste Rohstoff – in kleine Stücke zerfetzt, in Lauge gewalkt und zu feinem Brei zermalmt. Als der Markgraf das begehrte Recht zum Lumpensammeln anderweitig verkauft, bereitet Franz Anton Buhl in Ettlingen Ende des 18. Jahrhunderts Altpapier für Aktien und Banknoten auf.

Der Pforzheimer Dichter Ludwig Wilhelm Auerbach experimentiert in Seelbach mit Stroh, verseucht die Schutter mit giftigem Abwasser und ist nach fünf Jahren pleite, Gernsbacher Bürger ziehen gegen die Zellstofffabriken vor Gericht, deren Gestank die Touristen verscheucht.

Selbst Samuel Vogel und Simon Bernheimer, Besitzer einer großen »Lumpensortieranstalt« bei Rastatt, können den Bedarf ihrer Ettlinger Papiermühle nicht mehr decken. Weil Ettlingen eine Zellstoffproduktion nicht genehmigt, gründen sie ihre Fabrik 1886 in Karlsruhe-Maxau.

In dieser Zeit bauen Voith und Voelter in Heidenheim neuartige Anlagen zur Herstellung von Papier aus Holz. Für sie ist das Murgtal ideal: Es bietet Holz, Wasserkraft und reines Wasser für die Zellstoffproduktion. 1883 gründet der Karlsruher Reichstagsabgeordnete Eugen Holtzmann in Weisenbach das Unternehmen, das einer der größten Papierhersteller Deutschlands mit über 5500 Mitarbeitern wird. Die Übernahme durch den finnisch-schwedischen Konzern Stora Enso 1995 überlebt nur das Karlsruher Werk, das jährlich 700 000 Tonnen Magazin- und Zeitungspapier herstellt. Der Weisenbacher Stammsitz wird sofort stillgelegt, 2008 schließt das Forbacher Zweigwerk Wolfsheck nach langem Todeskampf.

Das Murgtal ist dennoch die Papiermetropole geblieben. Das »Papierzentrum Gernsbach« ist eine der wichtigsten überregionalen Aus- und Weiterbildungsstätten der Branche. Nirgends sonst sitzen so viele Hersteller und Verarbeiter auf so engem Raum, obwohl viele Traditionsbetriebe heute internationalen Konzernen gehören.

Als Schoeller & Hoesch 1997 verkauft wird, kommt ein Thema bei den Verhandlungen mit den Frankfurter Bankern nicht zur Sprache: dass die Fabrik nämlich gerade still steht, weil ein Oberlieger die Murg aufgestaut hat. »Glatfelter« aus Pennsylvania hat dennoch einen guten Kauf gemacht: Das Gernsbacher Werk liefert heute zwei von drei Teebeuteln weltweit und erobert auch den neuen Markt für Kaffeepads. Einen Katzensprung entfernt war 1882 die erste Holzschleiferei im Sägewerk Katz und Klumpp in Betrieb, heute verwandelt »Smurfit Kappa« aus Irland Altpapier

Kilometerweit reiht sich an der Murg eine Papierfabrik an die andere. Hier in Gernsbach produziert der österreichische Konzern Mayr-Melnhof tonnenweise Karton für Faltschachteln. Rohstoff ist überwiegend Altpapier, frische Fasern stammen aus Abfällen von Forstwirtschaft und Sägewerken.

In Bischweier am Ausgang des Murgtals werden Holzspäne zu Spanplatten. Das Verfahren hat der Karlsruher Schreinersohn Max Himmelheber in den 50er-Jahren in Baiersbronn ausgetüftelt.

in Karton für appetitliche Lebensmittelverpackungen und der österreichische Branchenprimus Mayr-Melnhof stellt in Gernsbach und Baiersbronn Recyclingkarton her. Pappe hat das Papier überflügelt: Karton ist die Nummer 1 bei Verpackungen und jeder Deutsche verbraucht mehr als sieben Kilo Faltschachteln im Jahr.

13 Generationen nach dem legendären Murgschiffer Jacob Kast sind seine Nachfahren mit Kisten und Faltschachteln aller Art bestens im Geschäft.

Die Erben der Schifferdynastie Katz machen in Weisenbach aus den Spänen, die im Sägewerk abfallen, seit über 100 Jahren bares Geld in Form von Bierdeckeln. Coasters heißen sie auf dem Weltmarkt, den sie unumstritten beherrschen: Fast jeder zweite Bierdeckel weltweit kommt aus Weisenbach. Katz wird im Krisenjahr 2009 von der Oberkircher Papierfabrik Koehler übernommen, einem Familienbetrieb, der mit selbst entwickelten Spezialpapieren zum Weltunternehmen geworden ist.

Schwarzwald-Pappe wird aus Altpapier und Restholz von Waldpflege und Sägewerken gemacht. Jährlich 1,5 Milliarden Arzneischachteln nebst Beipackzettel kommen von »August Faller« aus Waldkirch, Gengenbacher Pappe wird zu Buchdeckeln, Aktenordnern und Käseschachteln und Karton aus Schopfheim und Wehr rollt sich zu Hülsen aller Art vom Knabberzeug-Behälter bis zur Aufwickelspule für den Airbag.

Waldglas

Die Wanderglashütten

In rund acht Tagen können Fernwanderer auf dem »Glasträgerweg« von Todtnau über **St. Blasien** zum Hochrhein der Geschichte der Glasbläserei im Schwarzwald folgen. Die ersten von über 200 Glashütten sind schon Anfang des 13. Jahrhunderts bei Freudenstadt und Freiamt bekannt, die letzten gehen 700 Jahre später an Energiemangel zugrunde. Museen und Sammlungen in **Villingen-Schwenningen**, **Schopfheim** oder **Lenzkirch** zeigen Werkzeug, Werkstätten und die Vielfalt der Schwarzwälder Glasmacherkunst – vom gläsernen Glättstein zum Bügeln empfindlicher Stoffe bis zum filigranen Brautkelch.

Der Eisengehalt des Quarzsands gibt dem »Waldglas« den grünen Farbton, den man von historischen Butzenscheiben kennt. Fensterglas für den Wiederaufbau bringt den Glashütten nach den Kriegen des 17. und 18. Jahrhunderts Rekordumsätze. Versandflaschen für den Sauerbrunnen von Rippoldsau sind das

Die »Krautstrunk«-Becher im Baiersbronner Märchenmuseum haben Aussehen und Namen von den aufgeschmolzenen Glasnoppen: Sie verhindern, dass das teure Gefäß aus der Hand rutscht.

beste Geschäft für die Glashütte im Seebachtal, die eigentlich edles Kristallglas für den Donaueschinger Hof herstellen sollte.

Klöster und Feudalherren fördern die Glasbläser: Sie bereiten ihnen wenig Mühe außer dem Kassieren von Pacht und Zins, denn Glashütte und Ofen bauen sie selbst. Durch sie wirft

Das Glasmuseum der Dorotheenhütte in Wolfach verspricht einen Rundgang durch 200 Jahre Glaskunst.

auch der entlegenste Wald Profit ab, denn Holz braucht der Glasmacher in enormen Mengen: Holzkohle zum Heizen der Öfen und Pottasche beim Schmelzen des Quarzsandes. Man schätzt, dass für ein Kilogramm Glas ein Kubikmeter Holz verbrannt wird und eine einzige Glashütte jährlich 20 bis 30 Hektar Wald einäschert.

Der Kahlschlag ist anfangs ein willkommener Nebeneffekt: Damit erledigen die Glashütten die aufwändige Rodungsarbeit für neue Kolonisten gleich mit. In den Pachtverträgen setzen die Klosterjuristen ausdrücklich fest, dass die Glasmacher nicht nur Bäume fällen dürfen, sondern das Land vollständig roden müssen – kein Wurzelstock darf übrig bleiben!

Ist der Wald aufgebraucht, ziehen die Glasmacher weiter – von Alt- nach Neuglashütten. Fünfmal wechselt die im 16. Jahrhundert am Schluchsee gegründete Glashütte des Klosters St. Blasien ihren Standort, bis sie sich 1716 in Äule niederlässt. Zurück bleibt stets gerodetes Land für Ackerbauern und Viehzüchter – im besten Fall auch Häuser, Ställe und Scheunen oder die Mühle, mit der Gestein zermahlen wurde.

Waldglashütten sind meist kleine Siedlungen für ein Dutzend Familien: Die Glasmeister mit Gesellen und Lehrlingen, Hintersassen wie die Schürer, die den Ofen heizen, dazu Holzhauer, Sandgräber, Aschebrenner, Köhler und Fuhrknechte für das Brennholz.

Das Fachpersonal kommt meist aus dem Ausland. Namhafte Glasmacherfamilien wandern jahrhundertelang durch Europa. In ganz Deutschland hinterlässt die schwäbische Glasmacherdynastie Greiner ihre Spuren, auch in der Glashütte Blasiwald, der

Fürstenbergschen Rotwasserhütte, in Gersbach und in Hasel bei Schopfheim. Die Siegwarts aus der Backnanger Gegend bringen es auf 500 Jahre Glasmachertradition, arbeiten in Schönmünzach und der Glashütte von St. Blasien. Die Glasbläser bleiben unter sich, heiraten untereinander und geben das Geheimnis ihrer Rezepturen und Verfahren in der Familie weiter – manche Glashütten haben sogar ein eigenes Schankrecht, damit nichts im Dorfwirtshaus ausgeplaudert wird.

Die Bauern beneiden diese ungebundenen Wanderer, fremdartige »welsche« Gesellen, die aus Kieseln und Sand, Feuer und Asche kostbare Ware für die Städte herstellen, die man sich auf dem Dorf nicht leisten kann. Wirklich zu beneiden sind die Glasbläser um ihre Arbeit in der Hitze der Schmelzöfen nicht: Die Lebenserwartung ist niedrig, Schleifer und Quarzpocher, die den Quarz zerkleinern, holen sich in wenigen Jahren die tödliche Staublunge.

Sagen und Mythen ranken sich um das geheimnisvolle Handwerk. Der »Glasbergbutz« der Alpirsbacher Narrenzunft, der beim Sauerbrunnen von Rippoldsau haust, könnte ein Urahn von Wilhelm Hauffs »Glasmännlein« sein: Ein guter Geist, der den Menschen hilft – Übles widerfährt nur dem, der das »Kalte Herz« in der Brust hat.

Die Zeit der Wanderglashütten geht zu Ende, als auch die abgelegensten Wälder für Holzhandel und Flößerei erschlossen werden. Im Schapbachtal verhindern Bauern und Flößer die Ansiedlung einer Fürstlich Fürstenbergischen Glashütte. 1627 wird die spätere Rotwasserhütte dann auf der Höhe zwischen Feldberg und Titisee gegründet, 1703 wird sie in Herzogenweiler bei **Villingen** sesshaft. Im 19. Jahrhundert läuft ihr die Glasfabrik des Donaueschinger Kaufmanns

Faszinierend ist die Kunst der Glasbläser, die ihre Rezepturen im Mittelalter ebenso bewahrten wie die Alchimisten das Geheimnis des Goldmachens.

Der Brautkelch im Villinger Franziskanermuseum stammt aus der Glashütte Herzogenweiler. Dort zeigt das Heimatmuseum die Geschichte der Glasherstellung im Dorf, das fast 200 Jahre im Schatten der Glashütte gelebt hat.

Hermann Maggi in Wolterdingen den Rang ab, die um 1880 bis zu 70 Glasmacher und Gravierer beschäftigt.

Im Murgtal gesellen sich im 18. Jahrhundert große Glasfabriken zu Eisenhütten und Hammerwerken. Als die markgräfliche Glashütte in Mittelberg 1772 geschlossen werden soll, erwirkt Gaggenaus Oberschultheiß Anton Rindeschwender die Erlaubnis, sie nach Gaggenau zu verlegen: Die Murgflößerei versorgt die Fabrik mit Holz und vereinfacht den Transport der Ware.

Rindeschwender ist ein Mann, der nicht nur Glashütten versetzt, sondern sogar Berge: Südlich der Stadt lässt er Hügel abtragen, Steine entfernen, Terrassen aufmauern, alles mit dickem Humus überdecken und errichtet darauf das Mustergut »Amalienberg«. Der Markgraf setzt dem Holzfällersohn dafür das Denkmal, das heute vor dem Rathaus steht – wahrscheinlich das erste Denkmal für einen Mann, der weder Kriegsheld ist noch Adel oder Klerus angehört.

Rindeschwender versucht mit Kristallglas aus Böhmen und Bayern zu konkurrieren. Die heute denkmalgeschützte Glashüttensiedlung baut er im Sinne des Barock streng symmetrisch mit einer Hauptachse vom »Glasersteg« über die Murg zum Herrenhaus: Auf der einen Seite stehen die Betriebsgebäude, auf der anderen die Arbeiter- und Meisterhäuser im Stil der Bauernhöfe des Südschwarzwalds, mit Wohnung, Stall und Speicher unter einem Dach, denn viele Glaser betreiben nebenbei auch eine kleine Landwirtschaft.

Glasobjekte aus den Gaggenauer, Moosbronner und Mittelberger Hütten sind heute in **Gaggenaus** Stadtbibliothek ausgestellt.

Schwarzwälder Champagnerschlegel

Im oberen Murgtal gründet die württembergische Regierung im 18. Jahrhundert eine Glashütte in Schönmünzach, 25 Jahre später eine zweite in Buhlbach bei **Baiersbronn** – gegen den Protest des benachbarten Eisenwerks, das ältere Rechte auf das kostbare Brennholz anmeldet.

Der Buhlbacher Hütte geht bald das Geld aus. Die Calwer Holzhandelscompagnie, die ohnehin die Wälder der Region für den Hollandexport fällt, übernimmt die Glashütte 1775 für einen Spottpreis und verwertet dort das Restholz. Betriebsleiter ist Israel Oechsle, nach dessen Sohn Ferdinand das Mostgewicht des Weins bis heute in Oechsle-Graden gemessen wird.

1788 steigen zwei unternehmerische Schwergewichte ein, die Wilhelm Hauff als Vorbilder für den Holzkönig im »Kalten Herz« gedient haben sollen: Franz Karl Klumpp aus Klosterreichenbach, Mitgründer der Holländer Holzcompagnie, sowie sein Teilhaber und Betriebsleiter Johann Georg Böhringer, Sohn eines reichen Holzhändlers aus Büchenbronn bei Pforzheim.

Im 19. Jahrhundert wird die Glashütte zu einer der größten Industrieanlagen im Schwarzwald: Zu Hütte, Ofen, Glasmagazin und Stampfmühle für den Quarzsand gesellen sich Wasserhaus, Mühlkanal und Turbinenhaus. Abseits der Fabrikantenvilla entsteht ein kleines Arbeiterdorf mit Schule, Bäckerei, Metzgerei und Badehaus, die Wirtschaft hat eine eigene Brauerei und Brennerei.

Zum Schutz der staatlichen Glashütte in Schönmünzach darf Buhlbach ausschließlich Hohlglas herstellen – Spiegel- und Fensterglas sowie Glasschüsseln für den Stuttgarter Hof bleiben Schönmünzach vorbehalten. Die Familie Böhringer macht aus der Not eine Tugend, als sie mit Georg Christian Kessler in Kontakt kommt. Der Gründer der ersten deutschen Sektkellerei in Esslingen hat als Geschäftsführer des französischen Champagnerhauses Veuve Clicquot dessen Auslandsmarkt aufgebaut und weiß, worauf es ankommt: Auf eine stabile und ansehnliche Verpackung. Gemeinsam entwickelt man die druckfeste Champagnerflasche, wie sie noch heute in Gebrauch ist, den Buhlbacher Schlegel.

Böhringer ist damit europaweit allein auf dem Markt. 1852 beschäftigt die Glashütte 200 Menschen und produziert eine halbe Million Champagnerflaschen, dazu fast 1000 andere Hohlglasartikel von der Bier- bis zur Medizinflasche – und alles wird auf Pferdefuhrwerken mühsam ins Tal transportiert.

Der Aufschwung lässt die Brennholzversorgung endgültig zusammenbrechen. Die Brüder Böhringer schürfen selbst nach Steinkohle, erfinden eine Holzgasfeuerung, die den

Vor 100 Jahren ist Buhlbachs Glasofen erloschen. Ein Förderverein hat der ehemaligen Glashütte wieder Leben eingehaucht.

Bedarf um zwei Drittel senkt, müssen zuletzt aber doch Kohle von der Bahnstation herankarren. Bevor die Glasöfen rund um Baiersbronn um 1900 endgültig erlöschen, gründet Paul 1884 eine Glashütte in Freudenstadt, Johann Georg die »Champagnerflaschenfabrik **Achern**«.

Die heutige Glashütte Achern bereitet Altglas für die Industrie auf und zählt zu den größten Arbeitgebern der Stadt. Schlagzeilen macht ein spektakulärer Störfall mit Millionenschaden am Pfingstsonntag 1997: Aus einer geplatzten Schmelzwanne fließt tonnenweise flüssiges Glas in Maschinen- und Kellerräume, wo es langsam erstarrt.

Buhlbachs Glashütte ist längst abgerissen und die Fabrikantenvilla zu Eigentumswohnungen umgebaut. Ein Förderverein bewahrt den Rest vor dem endgültigen Verfall, 2009 bewilligt das europäische Förderprogramm LEADER das Geld für die Sanierung. Ein Freilichtmuseum im herkömmlichen Sinne soll daraus nicht werden, hofft der Verein, der schon jetzt jährlich Tausende von Besuchern durch die Anlage führt: Nicht Bauwerke und museale Ausstellungsstücke sollen das Erlebnis sein, sondern eine »Zeitreise in die Welt aus Holz und Glas«.

Glas wird heute im Schwarzwald nur noch für Besucher geblasen: In **Alpirsbach**, **Ballrechten**, **Feldberg-Altglashütten**, in der Ravennaschlucht bei **Breitnau**, **Herrischried**, **Todtnau** oder der Dorotheenhütte **Wolfach**. Sie entsteht nach dem Zweiten Weltkrieg, als man Arbeitsplätze für Millionen Heimatvertriebene sucht. Schlesische Flüchtlinge mit Fachkenntnissen betreiben 1947 anfangs eine reine Glasschleiferei, die ihre glitzernde Ware gegen Lebensmittel und Kleidung tauscht. Sie steigt aber bald in den Übersee-Export ein, baut eine eigene Rohglashütte und macht mit hochwertigem Bleikristall Millionenumsätze.

Die Handlungsreisenden

Wer heute auf dem »Glasträgerweg« von Todtnau nach Laufenburg wandert, kann sein Gepäck bequem befördern lassen. Der Glasträger von einst dagegen quält sich mit der schweren Krätze auf dem Rücken auf schmalen Saumpfaden durch den Schwarzwald – Bären und Wölfe gibt es dort und auch Räuber auf zwei Beinen. Weil die abgelegenen Glashütten für Fuhrwerke unerreichbar sind, packt man die zerbrechliche Ware in Stroh und schickt kräftige junge Männer damit los.

Häufig sind es Verwandte der Glasbläser, von denen man erwarten kann, dass sie den Erlös auch wieder heimbringen, später nicht erbberechtigte Bauernsöhne, die sich sonst nur als Knecht oder Taglöhner verdingen könnten. Im 18. Jahrhundert entstehen Glasträger-»Compagnien« mit regionalen Monopolen: Die Schwabenträger am Bodensee, die Schweizer- und Elsassträger im Südwesten, die Pfälzerträger in Baden und der Rheinpfalz sowie die Württembergerträger, die bis Bayern und Böhmen ziehen.

In den Compagnien herrschen Zucht und Ordnung. Damit die Bauernburschen nicht den Verlockungen der Fremde erliegen, sind Saufen,

Rastlose Gesellen wie die Uhren- und Glasträger halten jahrhundertelang die Wirtschaft im Schwarzwald in Schwung.

Seriosität und Bonität signalisiert der elegante Rock des Glasträgers im Todtmooser Heimatmuseum.

Rauchen, Spielen und der Umgang mit schlechten Personen streng untersagt. Stattdessen müssen sich die jungen Leute weiterbilden und vor allem die Sprache ihres Einsatzgebiets lernen. Ihre Familie dürfen die Glasträger nicht an die Handelsplätze mitnehmen: Die Ehefrau versorgt daheim Kinder, Haus und Landwirtschaft, den Mann sieht sie einmal im Jahr. Aus Warendepots der Glasträger in den Städten werden oft bedeutende Handelshäuser wie das von Michael Tritschler in Stuttgart. Als er 1723 am Marktplatz sein Geschäft für Glaswaren, Porzellan, Zigarren und Senf eröffnet, zerren ihn die örtlichen Platzhirsche erfolglos vor Gericht. 250 Jahre später ist die Prozessakte das entscheidende Beweisstück, als ein Münchner Porzellanhändler gegen Tritschlers Werbung als ältestes Porzellanhaus Süddeutschlands klagt – ebenfalls erfolglos.

Auf dem Heimweg bringen die Glasträger Geschichten aus der Fremde mit, aber auch exotische Waren: Uhren, Strohhüte oder Hinterglasmalerei. In den Händen findiger Tüftler wird daraus schnell ein neuer Broterwerb für Tausende von Menschen. So gehen nach den Glas- die Uhrenträger auf die Reise – oft noch mit Strohhüten im Gepäck.

Konjunktur für Stroh und Borsten

In vielen Schwarzwalddörfern gehört der Strohhut zur Tracht, in Gutach, Hornberg-Reichenbach und Wolfach-Kirnbach schmücken ihn anfangs bescheidene Papierblumen oder Wollpompons. Bei den Malern der Romantik geraten diese »Bollen« immer größer, die Hutmacherinnen ziehen nach und heute bringt ein kapitaler Bollenhut zwei Kilo auf die Waage. Badens Großherzogin Luise macht ihn im 19. Jahrhundert zum inoffiziellen Nationalsymbol, »Schwarzwaldmädel« Sonja Ziemann 100 Jahre später zum Markenzeichen für den Schwarzwald schlechthin. In **Schluchsee** kann man der Hutmacherin noch heute beim Strohnähen zusehen.

Links: Die geflochtenen Zylinderhüte gehören zwischen Schonach und Furtwangen zur Tracht. Rechts: An diesem bescheidenen »Ur-Bollenhut« läuft man im Villinger Franziskanermuseum beinahe achtlos vorüber.

Auf dem Naturparkmarkt am Ruhestein führt die Bürstenmacherin das fast ausgestorbene Handwerk vor.

Glasträger bringen die ersten Strohhüte aus Italien mit und schon weichen Taglöhner und Bauernmägde das Stroh der kargen Getreideäcker ein, klopfen es weich und flechten Hüte, Taschen, Körbe und Schuhe daraus. Grünes Stroh wäre besser, aber die Bauern wollen das unreife Getreide nicht abernten. Ihr Widerstand schwindet, als die Preise steigen. Im 18. Jahrhundert flechten allein in **Triberg** 1500 Menschen jährlich über 30 000 Hüte.

Rund um Vöhrenbach und Schönenbach erklärt die Fürstenbergische Regierung Strohflechten zur Pflicht, obwohl manche Bauern protestieren, weil die Feldarbeit darüber vernachlässigt werde. Andere meinen, die Feldfrüchte seien ohnehin so billig, da könnten die Mägde ruhig »im Umherspazieren Strohhüte flechten«.

Damit Strohhüte aus dem Schwarzwald mit den eleganteren Produkten aus Italien konkurrieren können, holt Tribergs legendärer Obervogt Karl Theodor Huber im 19. Jahrhundert Lehrmeister für Technik und Design des Florentinerhuts aus der Toskana, die die Menschen auf den Dörfern unterweisen. In **St. Georgen** bringt der Dorflehrer den Kindern das Strohflechten bei und selbst Furtwangens Uhrmacherschule bildet Geflechtlehrerinnen aus. 1831 leben nach einer großherzoglichen Zählung allein zwischen Triberg und Wolfach über 2500 Menschen von der Strohflechterei. In Furtwangen und Schönenbach entstehen Strohmanufakturen, in **Schramberg** eine Beschäftigungsanstalt für arme Frauen, Kinder und Bettler, die ihrem Teilhaber Erhard Junghans das Kapital für größere Projekte einträgt.

Längst vermarkten nicht mehr Glas- und Uhrenträger die Schwarzwälder Strohhüte – einer der ersten Großhändler ist der Weißerjok aus

Schönwald. Sein Bruder Andreas lässt in seiner Stroh- und Palmhutfabrik in St. Georgen französische Meister die Arbeiterinnen in der Herstellung modischer Panamahüte ausbilden. In ihrer Blütezeit flechten bis zu 1000 Frauen für Weißers Fabrik.

In Schönwald erobert der rührige Weißer gleich die nächste Marktlücke, als Zinnlöffel den Holzlöffeln der Schnefler den Rang ablaufen. Um 1800 sind in Triberg 15 Löffelschmieden in Betrieb. 1,5 Millionen Löffel im Jahr fertigen die Brüder Feser in der Hammerschmiede im Höllental bei **Hinterzarten**, wo der Verein »Heimatpfad Hochschwarzwald« jetzt wieder eine historische Löffelschmiede einrichten will.

Mit Borsten und Haaren verdienen sich Kleinbauern, Flüchtlinge, Hausierer und fahrendes Volk vom 18. Jahrhundert an auf einem unrentablen Schafhof in **Waldachtal-Lützenhardt** ihr Brot. Der Mann geht mit den Bürsten auf Verkaufstour und bringt von den Metzgern und Bauernhöfen Schweineborsten, Ziegenbärte und Pferdehaare mit. Daheim bindet die Familie Bürsten wie am Fließband: Brettchen werden geschnitzt und gebohrt, Borsten gekocht, gesäubert, geschmeidig gemacht, sortiert, verpicht und eingezogen, der Letzte bringt die Deckplatte an. Bis ins 20. Jahrhundert lebt das Dorf von Bürstenmacherei und Hausiererhandel und Wissenschaftler erforschen seine Sprache, das »Lützenhardter Jenische«, verwandt mit Rotwelsch und anderen alten Geheimsprachen.

Der Müllerbursche Leodegar Thoma soll die Bürstenbinderei ins obere Wiesental gebracht haben, das nach dem Niedergang des Bergbaus völlig verarmt ist. Ein kluger Beamter fördert das neue Gewerbe, weil er die Folgen einer Krise in der alles beherrschenden Textilindustrie ahnt.

Todtnau und Schönau exportieren Bürsten in die Schweiz, nach Österreich, Frankreich, Holland und Amerika und importieren Borsten über internationale Handelshäuser bis aus Russland, Indien und China. 1906 zählt das Großherzogtum Baden über 1400 Bürstenmacher, die Hälfte davon in **Todtnau**. Bürstenmacherei wie anno dazumal kann man heute auf dem **Bernauer** Resenhof und in **Ibachs** Bürstenmacherwerkstatt beobachten.

Ausgestorben ist die Bürstenbranche im Wiesental aber beileibe nicht: Todtnauer Bürsten besetzen Toiletten und Frisiertische weltweit, Schönau ist mit 150 Millionen Zahnbürsten pro Jahr buchstäblich in aller Munde. Die Bürstenmacher haben sich vom technischen Fortschritt nicht überrollen lassen, sondern sich an seine Spitze gesetzt: Schon in den 1840er-Jahren steigt die Zunderfabrik Faller auf Zelluloid-Zahnbürsten um, die Gebrüder Thoma bauen Bürstenmacherwerkzeug serienmäßig und Anton Zahoransky entwickelt in Todtnau seine erste vollautomatische Anlage. 100 Jahre später versorgt die heutige »Zaho« Bürsten- und Besenhersteller weltweit mit kompletten Fertigungsanlagen.

Holzkünstler: Die »Schnefler«

»Herrgottschnitzer« wie in Bayern sucht man im Schwarzwald vergebens. Matthias Faller aus Neukirch wird manchmal der Herrgottschnitzer des Schwarzwalds genannt, aber **St. Märgens** Klosterbildhauer kann mehr: 1752 verwirklicht er die berühmten Figuren der Künste und Wissenschaften in der Klosterbibliothek von St. Peter und fertigt daneben wie viele seiner Kollegen Uhrenschilder: Kuckucksuhren sind im 19. Jahrhundert das tägliche Brot für fast 100 Meister und Gesellen in **Hornberg**.

Aus einer Baumwurzel ist dieses freundliche-urige Gesicht an einer Tür in Triberg entstanden. Den Ratssaal der Stadt hat der »Schnitzersepp« Karl Josef Furtwängler 1926 mit spaßigen und nachdenklichen Szenen aus dem Leben im Schwarzwald gestaltet.

Links: Die Erben der Schwarzwälder »Schnefler« schnitzen heute die traditionellen Masken der alemannischen Narrenzünfte. Rechts: Die vergessene Kunst des Schindelmachens wird wieder gebraucht, will man historische Gebäude originalgetreu restaurieren wie diese Hofkapelle im Linachtal.

Kleinbauern, Knechte und Tagiöhner verdienen sich ein Zubrot mit »Schnefelerei«, wie die Kunst des Holzschnitzens im Schwarzwald heißt. Auf dem »Schniidesel«, nach dem sich heute die **Bernauer** Fasneter nennen, wird das Holzstück mit einem Fußhebel festgeklemmt und bearbeitet. Im 19. Jahrhundert fertigen gut 300 Schnefler in den Hochtälern rund um Todtnau und Bernau fast ebenso viele verschiedene Artikel: Kochlöffel, Bürstenhölzer, Blasebalge, Kübel, Mausefallen, Backtröge oder Waschzuber. Bevor 1892 die ersten Ski made in Bernau Furore machen, sind Bütten für die Weinlese im Markgräflerland ebenso ein Verkaufsschlager wie farbenprächtige »Trögle« oder »Trugen« – Spanschachteln und Schatullen für allerlei Krimskrams, die sich im **Villinger** Franziskanermuseum bewundern lassen.

Weil Stroh auf den Schwarzwaldhöhen knapp, Holz dagegen im Überfluss verfügbar ist, decken Schindeln die riesigen Walmdächer – 66 000 allein das Dach des Schau-

1976 muss Forbach 36 000 Schindeln aus Kanada einführen, damit seine 200 Jahre alte Holzbrücke über die Murg originalgetreu »unter die Haube« kommt – keine deutsche Firma hätte genug handgespaltene Schindeln für das historische Dach liefern können.

inslandhauses in Gutach! In **Dornhan-Busenweiler** macht man bis ins 20. Jahrhundert im Winter Schindeln und geht damit im Frühjahr hausieren, heute steht der Schindelbock im Heimatmuseum.

Unweit der »Schneflermetropole« Bernau blüht im 17. Jahrhundert der Schwarzwälder Geigenbau rund um Friedenweiler, Eisenbach, Schollach und Urach. Ob die ersten Geigenbauer Einheimische waren oder Zugewanderte aus Mittenwald oder dem Allgäu, darüber sind sich die Fachleute uneinig, sprechen aber von einer alemannischen Schule des Geigenbaus mit etwa 25 Meistern. Einige ihrer seltenen Stücke zeigt das Franziskanermuseum in **Villingen-Schwenningen**, **Friedenweiler** besitzt zwei Instrumente der Geigenmacherfamilie Straub. Bis ins 19. Jahrhundert baut sie leichte, reich verzierte Geigen für betuchte Kunden und einfachere für den Alltagsgebrauch, die man im Sommer auf den Markt trägt. Rötenbachs letzter Geigenbauer soll das Handwerk aufgegeben haben, weil das Musizieren in den Wirtshäusern einträglicher war.

Land der Uhren

Lehrjahre

Angeblich ist ein Glasträger an allem schuld: Er soll im 17. Jahrhundert eine Uhr aus dem Ausland mitgebracht haben, die ein Schwarzwälder Tüftler zerlegt und nachbaut – aus dem Material, mit dem er umgehen kann: Selbst das kleinste Rädchen ist aus Holz. Über die Vaterschaft der Schwarzwalduhr sind sich die Historiker uneins: Der »Hackbretterlenz« Lorenz Frey, Schreiner bei St. Märgen, der Kübler Simon Henninger aus Stockwald bei **St. Georgen** oder die »Kreuz-Brüder« vom Glashof bei Waldau.

Von Aufschwung ist lange keine Rede: Bis 1714 herrscht in Süddeutschland fast ununterbrochen Krieg. Danach droht den Uhrmachern Gefahr aus Wien: Die Regierung will für sie den Zunftzwang einführen. Örtliche Honoratioren protestieren erfolgreich: Es »seien in hiesigem wilden und rauen Revier viele Hundert Personen, welche diese oder jene Arbeit aus ihrem Kopfe erfunden und ohne Lehrmeister erlernet. ... Sollten

Zu Lehrzwecken wurde vor über 150 Jahren die Uhrensammlung der Uhrmacherschule Furtwangen angelegt. Heute ist das Deutsche Uhrenmuseum mit über 8000 Objekten die größte Sammlung ihrer Art weltweit.

diese Leute brotlos werden, wenn man ihnen ihre Arbeit nur, weil sie nicht zünftig gelernet, niederlegen wollte?« Fortan versuchen sich Taglöhner, Kleinbauern und nicht erb-

Auf dem Zahnstuhl im Dorfmuseum Gütenbach wurden einst Rohlinge für Zahnräder gefräst. Mit Hilfe solcher Erfindungen konnte der Uhrmacher erstmals sechs statt einer Uhr pro Woche herstellen.

berechtigte Bauernsöhne unbehelligt am Uhrenbau.

Johann Friedrich Dilger aus Schollach erkundet als Hilfsarbeiter die Werkstätten der Pariser Uhrmacher und fertigt zuhause mit aktuellem Know-How erste Uhren mit beweglichen Figuren und kleinen Melodien. Aus der Schweiz bringt er Metallglöckchen mit, die besser klingen als die alten Glasglöckchen, und sofort gießt man im Schwarzwald eigene Glöckchen.

Die Klöster steuern Ideen und theoretischen Hintergrund bei. Der berühmte »Uhrenpater« Thaddäus Rinderle aus St. Peter ist Mathematikprofessor an der Universität Freiburg und gibt sein Wissen auch an die Uhrmacher auf den Dörfern weiter. Technische Innovationen machen ihre Uhren besser und so preiswert, dass sie sich auch der gewöhnliche Bürger leisten kann. Aus dem Höhengebiet im Südschwarzwald kommen nach Schätzungen von Historikern schon 1810 jedes Jahr bis zu 200 000 Uhren auf den Weltmarkt.

Straff geführte »Uhrencompagnien« nach dem Vorbild der Glasträger gehen von ihren Zentren in Lenzkirch, Triberg, Furtwangen und Neustadt auf die »Reise ins Uhrenland«, der in **St. Märgen** eine Ausstellung über die Schicksale der

»Schwarzwaldengländer« gewidmet ist: Im 19. Jahrhundert sitzen allein in London über 200 Schwarzwälder Uhrenhändler, weltweit über 1000 in zwei Dutzend Ländern.

Stoff für einen Roman bieten das Leben und der geheimnisumwitterte Tod des »Schafhofmathis« Matthias Faller aus Friedenweiler, der 1779 mit einem Freibrief des Sultans zum Uhrenhandel in die Türkei zieht.

In Heinrich Hansjakobs Erzählungen begegnet uns der »dürr' Jokele« aus Gütenbach: Um 1720 zieht er mit einem Rucksack voller Uhren in den Harz. Weil die Menschen dort kein Geld haben, tauscht er seine Uhren gegen Kanarienvögel ein, die in Holland gutes Geld bringen – die »Eisenbacher Uhren- und Vogelhändlergesellschaft« ist im Geschäft.

Uhrenhändler werden auch Fabrikanten: Joseph Mayer aus Waldau und seine Nachkommen verkaufen Schwarzwalduhren in Kopenhagen und im englischen Reading, die Gewinne investieren sie in die AMS-Uhrenfabrik daheim in Schö-

In den Klöstern versteht man etwas von Zeit und Uhren: St. Blasiens barocke Sonnenuhr, 1780 von Klostermaler Joseph Anton Morath geschaffen, regulierte einst auch die Kirchenuhr im Glockenturm des Doms.

Links: Dieses Prachtstück des Deutschen Uhrenmuseums hat der Villinger Uhrmacher August Noll um 1888 vollendet. Es zeigt die Ortszeit von 16 Großstädten der Welt an, Tages-, Wochen- und Jahreszeiten sowie den Stand der Gestirne bis zum Jahr 10 000. Zwei Stiftwalzen steuern Musikwerk und Figuren. Rechts: Schildermaler Alois Straub aus Furtwangen-Linach ist einer der Letzten, die das historische Handwerk beherrschen. Für billige Gebrauchsuhren wurde das klassische Uhrenschild mit dem Rundbogen einst mit gedrucktem Papier überzogen, für gehobene Ansprüche mit Tinte, Ölfarben oder Lack bemalt.

nenbach, die bis heute im Geschäft ist. Noch im 19. Jahrhundert ziehen Johannes und Martin Hofmeier aus Schwärzenbach mit der Uhrenkrätze nach London und versorgen England bis zur Weltwirtschaftskrise mit allem, was tickt.

Rund um die Uhr wächst ein Netz von Zulieferern: 1838 arbeiten allein im Raum Triberg und Neustadt neben knapp 700 Uhrmachern rund 350 Schildermaler, Räderdreher, Gestell- und Schildbrett-, Feder-, Ketten- und Zeigermacher, Glocken- und Rädergießer. Fast 140 Maler liefern jährlich eine halbe Million Uhrenschilder, Zeichenlehrer aus den Klöstern, die mit Farbe und Malerei lange Erfahrung haben, geben Nachhilfe. Uhrenschilder bringen den Porzellanfabriken in Zell und Schramberg Umsatz und ernähren den jungen Maler Hans Thoma aus Bernau, bevor er künstlerische Anerkennung findet.

Um sich dem Kundengeschmack im Exportland anzupassen, versteckt sich das Standarduhrwerk aus dem Schwarzwald in Frankreich hinter rechteckigen Uhrenschildern mit dem gallischen Hahn, verglasten Achtecken in England und dunklem Lack in Spanien.

Der »Lahrer Hinkende Bote« erzählt die Geschichte des armen Uhrgestellmachers Lorenz Winterhalder: Nach jahrelangen Mühen gelingt ihm das erste Lackuhrschild, das ihn zum akzeptablen Bräutigam für die reiche Nachbarstochter macht. Über 20 000 Schilder kommen aus der Werkstatt des jungen Paars, seine Kinder machen die Schwarzwälder Hinterglasmalerei berühmt, die heute in **Friedenweiler**, **St. Märgen** und **Oppenau** zu bewundern ist.

Die Zulieferer der Uhrenindustrie sind zäh und erfinderisch: Zehn Jahre lang belagert Josef Koepfer mit Drehbank und Schraubstock die Stube der Schwiegereltern in Furtwangen. 1877 fertigt seine hochmoderne kleine Fabrik eigene Werkzeugmaschinen, Zahnräder und Getriebe. Heute beschäftigt die Unternehmensgruppe Koepfer weltweit 400 Mitarbeiter.

Lange Zeit erfinden die Schwarzwälder Uhrmacher Technik und Design selbst, geben ihr Können in der Familie weiter und erobern sich den Weltmarkt. Anfang des 19. Jahrhunderts bauen rund 1000 selbständige Uhrmacher jährlich über 100 000 Uhren in ihren Werkstätten, 1840 sind es fünfmal so viele.

Aber mit billiger amerikanischer Fabrikware können sie nicht mithalten und im oberen Preissegment stimmt die Qualität der Schwarzwalduhren nicht mehr. In England, Frankreich und der Schweiz holt sich Eduard Hauser aus **Lenzkirch** 1851 Know-How über Serienfertigung und Präzisionsmaschinen für die »Aktiengesellschaft für Uhrenfabrikation

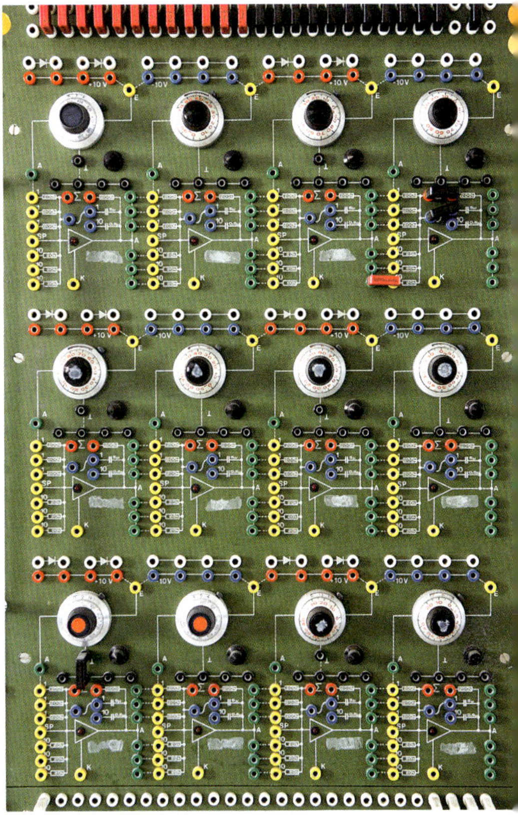

Made in Furtwangen ist dieser Analogrechner aus den 70er-Jahren. In ihrem Rechnermuseum präsentiert die Hochschule Furtwangen Rechenmaschinen vom antiken Abakus bis zum Computer.

Lenzkirch«. 50 Jahre später ist AGUL eine der größten deutschen Uhrenfabriken. Bis sie 1927 vom Konkurrenten Junghans geschluckt wird, verkauft sie zwei Millionen Großuhren, die heute in Sammlerkreisen als Kostbarkeiten gelten.

Hauser lässt sich auch von der Uhrmacherschule beraten, die der badische Großherzog 1849 in **Furtwangen** einrichtet. Ihr Direktor wird Robert Gerwig, der Straßen- und Eisenbahnbauer des Schwarzwalds. In der Stadt, wo jede zweite Familie vom Uhrmacherhandwerk lebt, soll er Facharbeiter für die wachsende Uhrenindustrie ausbilden, aber viele Schüler brechen den Unterricht frühzeitig ab, weil schon geringe Grundkenntnisse zum Geldverdienen genügen. Dass auch betriebswirtschaftliches Wissen nötig wäre, lernt die Schule bei dem Versuch, eine Taschenuhrenfabrikation in Gang zu bringen: Man verkalkuliert sich so gründlich, dass das Projekt trotz aller Subventionen nach fünf Jahren abgeblasen wird.

1877 wird die Uhrmacherschule kombiniert mit einer Schnitzerschule, neu eröffnet.

Ihr Ausbildungsangebot wächst mit Elektro- und Feinmechanik, später Funktechnik für die Rundfunkbranche. 1963 führt die Ingenieurschmiede erstmals in Deutschland Elektronik und Regelungstechnik, 1971 Wirtschaftsinformatik ein. Heute bietet die Hochschule Furtwangen University über 3800 Studierenden eine Ausbildung, die Spitzenplätze bei internationalen Rankings erreicht.

Kuckuck und Co.

Unverwüstliches Markenzeichen des Schwarzwalds ist die Uhr, für die Simon Langanbaker, alias Simon Langenbacher vom Schollacher Altenvogtshof, 1765 per Zeitungsannonce im englischen Norwich wirbt: »Wooden Clocks and Alarms with the Cuckow«. Viele Dörfer fühlen sich als Wiege der Kuckucksuhr, Spielverderber wollen wissen, sie sei gar kein Kind des Schwarzwalds. Zum Welterfolg mausert sich der Vogel aber erst hier, wo sich Einzelexemplare auch gehörig aufplustern: Zentnerschwer sind die Vögelchen in den weltgrößten Kuckucksuhren in **Triberg** und **Schonach**.

Sein typisches Häuschen bekommt der Kuckuck erst 1850 bei einem Designwettbewerb der Furtwanger Uhrmacherschule: Der Karlsruher Bahnhofsarchitekt Friedrich Eisenlohr kreiert – natürlich – ein Bahnhäusle. Der schlichte Zweckbau lässt Raum für üppigen Zierat. Eisenbachs Kuckucksuhrenpatriarch Johann Baptist Beha erobert damit Herzen und Geldbeutel betuchter Schwarzwaldtouristen: Eine billige Gebrauchsuhr für Jedermann ist die Kuckucksuhr nämlich nicht.

Ihre zweite Heimat wird Amerika: In ihrer Blütezeit wandern zwei von drei Black Forest Cuckoo Clocks in die USA. Nach dem Abzug der NATO-Truppen übernehmen Videotheken die verlassenen Läden, aber noch immer

Links oben: Sechs Tonnen wiegt das Räderwerk in der »zweiten weltgrößten« Kuckucksuhr in Triberg. Rechts oben: Das Furtwanger Uhrenmuseum zeigt, wie zwei kleine Blasebälge dem Kuckuck die Flötentöne beibringen. Unten: Die Familie Siedle gehört im 18. und 19. Jahrhundert zu den berühmtesten »Spieluhrenmachern« des Schwarzwalds. Mit 48 Flöten beherrschen ihre großen Spieluhren im Gütenbacher Uhrenmuseum acht Melodien.

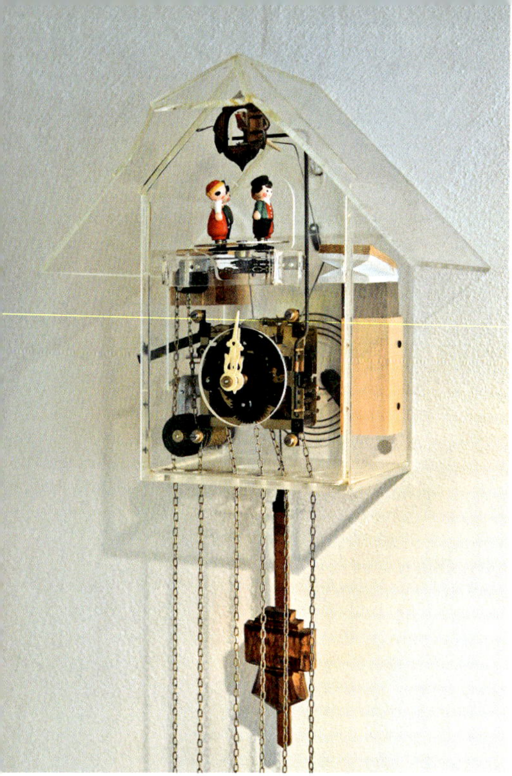

Indiskret – die durchsichtige Kuckucksuhr aus Plexiglas im Villinger Franziskanermuseum.

geht fast die Hälfte der Produktion nach Übersee. Im Kampf gegen fernöstliche Billigkopien lässt ein Schonacher die Marke »Schwarzwälder Kuckucksuhr« beim Patentamt schützen. Die Hersteller setzen auch auf originelle Neuheiten: Von der WM-Uhr 2006 samt Torwart und Spieler bis zu Kreationen, deren Verkäufer erst einmal erklären muss, dass es sich wirklich um eine Kuckucksuhr handelt.

Der Kuckuck ist nur eine Spezies, die in der artenreichen Schwarzwälder Uhrenlandschaft gedeiht: Knödelesser, Augen rollende Augenwender oder der Henker, der im Stundentakt den Delinquenten köpft – nichts ist unmöglich. Trompeten- und Singvogeluhren von Emilian Wehrle aus Furtwangen sind heute ebenso Sammlerobjekte wie Singvogelkäfige mit ausgestopften oder künstlichen Vögeln aus Triberg.

Aufstieg und Fall der Giganten

Im Industriezeitalter wird der Uhrentüftler in der eigenen Werkstatt zum Fabrikarbeiter im Maschinensaal. Mit zunehmender Mechanisierung lösen angelernte Arbeiter und schlecht bezahlte Frauen die Fachkräfte ab, Tarifverträge gibt es lange nicht.

Pünktlichkeit ist Pflicht in der Fabrik, deshalb landen 1905 zwei von drei Schwarzwalduhren als Wecker auf dem Nachtkästchen, über vier Millionen in einem einzigen Jahr.

Im badischen Schwarzwald arbeiten in dieser Zeit rund 3000 Uhrmacher in elf Städten, ebenso viele allein in der größten Uhrenfabrik der Welt im württembergischen **Schramberg**, wo Erhard und Arthur Junghans 1866 ihre ersten Uhren auf den Markt bringen.

Zwei Jahre lang soll der spätere Geheime Kommerzienrat Arthur Junghans als Herr Hauff nachts in Amerikas Uhrenfabriken geputzt und die Maschinen in Augenschein genommen haben. 1874 führt er in der heimischen Fabrik mit importierten Maschinen die Serienfertigung ein.

1903 stellen 3000 Beschäftigte drei Millionen Junghans-Uhren her – bald bringt die erste Buslinie die Pendler aus den Dörfern in die Stadt. Junghans schluckt AGUL in Lenzkirch und nach 50 Jahren erbitterter Konkurrenz auch die Hamburg-Amerikanische Uhrenfabrik H.A.U. in Schramberg mit einst über 2000 Mitarbeitern. In den historischen Gebäuden der H.A.U. wurde 2010 der Technik-Museumspark »Auto- und Uhrenwelt« eröffnet.

1957 wird Junghans selbst geschluckt: Mit der Feinmechanik- und Elektroniksparte ergänzt der Nürnberger Rüstungskonzern Diehl sein wehrtechnisches Portfolio, die Uhrensparte verkauft er in den 90er-Jahren an den Luxusmarken-Konzern EganaGoldpfeil aus Hongkong, der Junghans 2008 mit den verbliebenen 120 Arbeitsplätzen in die Insolvenz mitreißt.

Retter in der Not ist der Schramberger Mittelständler Hans-Jochem

Im 19. Jahrhundert hat Gütenbach 800 Einwohner, darunter 100 Uhrmacher, die meisten mit eigener Werkstatt. Noch 1906 zählt Badens Statistik im Südschwarzwald mehr als 800 Uhren-Heimarbeiter.

Steim, Gesellschafter des einstigen Junghans-Zulieferers Kern-Liebers, der 1888 als Hersteller von Zugfedern angefangen hat und heute an 50 Standorten weltweit Präzisionsprodukte aus Flachstahl und Draht fertigt. 2009 schreibt Junghans wieder schwarze Zahlen.

Württembergs »größtes Dorf« wird im 20. Jahrhundert zur größten Uhrenstadt der Welt. Den Anfang macht der Grundstücksmakler und Geldvermittler Johannes Bürk: Als er in **Schwenninger** Diensten für Polizei und Nachtwache zuständig ist, entwirft er dafür eine »Tragbare Wächter-Kontrolluhr« und gründet 1858 die »Württembergische Uhrenfabrik«. 130 Jahre lang produziert sie neben Uhren aller Art Haustelegrafen, Arbeitszeitregistrierapparate, Additionsmaschinen, Induktionsapparate, Wassermesser, Brennstunden-, Hub- und Rotationszähler, Siegel- und Stempelpressen, Brieftauben- und sogar Turmuhren.

In seiner Schramberger Villa soll Arthur Junghans einst mit Daimler, Maybach, Bosch und Zeppelin über Fragen von Zündung und Lenkung gebrütet haben. Die Fabrikantenvilla aus dem 19. Jahrhundert beherbergt heute ein kleines Hotel.

Während Bürk an Kontrolluhren tüftelt, verkauft Friedrich Mauthe in seinem Schwenninger Gemischtwarenladen Uhren und Uhrenteile. Um 1900 beschäftigt seine Fabrik bereits über 1100 Menschen. In den 1950er-Jahren ist die Mauthe-Armbanduhr das beliebte Kundengeschenk von VW für 100 000 gefahrene Käfer-Kilometer, 1975 ist Mauthe bankrott.

Bei Friedrich Mauthe lernt auch Jakob Kienzle das Handwerk. Er heiratet 1883 in die renommierte Uhrenfirma Schlenker ein und baut seine neue Fabrik seinem ungeliebten Pflegeonkel Mauthe direkt vor die Nase – der Zank der beiden Streithähne schlägt Wellen bis in Regierungskreise. 1903 produziert Kienzle erstmals mehr als eine Million Uhren und Uhrwerke. Daneben baut »Kienzle Taxameter & Apparate« in Villingen Fahrtenschreiber, Parkuhren und Addiermaschinen.

1968 beschäftigt Kienzle über 3000 Mitarbeiter, doch in den 70er-Jahren tauchen rote Zahlen in der Bilanz auf. Das Land hilft mit dem Kauf der Kienzle-Uhrensammlung, die das Heimat- und Uhrenmuseum im heutigen **Villingen-Schwenningen** und das Deutsche Uhrenmuseum in Furtwangen bereichert. Erfolgreich veräußert

1000 Uhren in sieben Sprachen in einem Laden in Triberg.

Kienzle auch ein Filetgrundstück im Stadtkern: Es erweist sich als wahre Giftgrube, die Luft und Grundwasser mit Kohlenwasserstoffen, Benzol und Radon verseucht und mit Millionenaufwand saniert werden muss.

1984 übernimmt Kienzle die insolvente Württembergische Uhrenfabrik, ist 1996 jedoch selbst bankrott. Ein Investor aus Hongkong sammelt die Scherben ein. Die Hamburger Kienzle AG, die die weltweiten Markenrechte erwirbt, meldet 2010 Insolvenz an.

Aus den Resten der »Württembergischen« entsteht 1997 mit Schweizer Kapital Bürk Mobatime: Sie erwirbt Markenrechte, Produktprogramm und Vertriebsnetz und wird mit Zeitdiensten aller Art unter anderem Systemausrüster der Deutschen Bahn – passend für das Unternehmen, dessen Gründer den Eisenbahnanschluss für seine Stadt erkämpft hat.

Hinter der Backsteinfassade der historischen Fertigungshalle können Besucher des Uhrenindustriemuseums heute Fabrikatmosphäre wie anno dazumal schnuppern und danach den Kaffee in der Jugendstilvilla der Unternehmerfamilie schlürfen.

Billige Quarzuhren aus Fernost läuten den Untergang der Uhrengiganten ein: 1982 kaufen die Deutschen zwar 18 Millionen Uhren – aber zwei Drittel davon aus Hongkong. Dabei hatte der Schwarzwald technologisch die Nase vorn: Schon 1955 entwickelt der Student der Furtwanger Ingenieurschule Reinhard Jäckle ein elektromechanisches Uhrwerk und zehn Jahre später baut Staiger in St. Georgen erste Quarzwerke. Heute ist die St. Georgener U.T.S. Präzisionstechnik einer der größten Hersteller von Funk-Uhrwerken weltweit.

Die Erben der Uhren

Die Krise überlebt haben mittelständische Uhrenfirmen, die Schwarzwaldtouristen mit tickenden Souvenirs versorgen, und Hersteller in speziellen Nischen wie Hanhart in Gütenbach mit seinen Stoppuhren oder Friedrich Ernst Benzing, der Schwenningen mit »Brieftauben-Konstatieruhren« zum Weltzentrum des Brieftaubensports macht und heute mobile Datenerfassung bis zur Instrumentenkontrolle im Atomkraftwerk bietet.

Aus Furtwanger Traditionsbetrieben kommen Wasser-, Gas- und Stromzähler. Siedle steht heute auf jeder zweiten Türsprechanlage in Deutschland – 1750 gießt das Familienunternehmen noch Uhrenglocken. Und während die berühmte »Badische Uhrenfabrik« BADUF wie viele andere nur noch im Museum lebt, ist ihre Gründerfamilie heute mit Präzisionsgetrieben im Geschäft.

Gear Valley – Tal der Getriebe – wird Eisenbach heute oft genannt: Aus dem Tal der Kuckucksuhren, wo Karl Morat und seine Erben im 19. Jahrhundert Spindelbohrer und Kronenräder für Uhrmacher fertigen, kommt jetzt Feinmechanik für Autobau und Raumfahrt.

Sensoren des Uhrenzulieferers Schmidt in St. Georgen lösen den Gurtstraffer im Auto aus, Schweizer in Schramberg produziert 100 Jahre lang Email-Ziffernblätter, wagt 1956 den Sprung in die Leiterplattenfertigung und beliefert heute die Photovoltaik.

Ein Weltkonzern mit über 2000 Mitarbeitern allein in Deutschland ist der einstige Drei-Mann-Betrieb in **Schiltach**, der 1901 mit Weckergehäusen anfängt. Hansgrohe spezialisiert sich auf Brauseköpfe und anderes Badezubehör. Die 5000 Armaturen im höchsten Wolkenkratzer der Welt in Dubai kommen 2009 exklusiv aus Schiltach.

Walzwerke, Messing- und Aluminiumgießereien liefern den Stoff, aus dem die Uhren sind. Heute walzen die Metallwerke Schwarzwald in Villingen Bänder für die Elektrotechnik. Schwarzwälder Blech beschert der Welt aber noch den besonderen Kick: Der Schwenninger Uhrenkaufmann Edwin Mieg verwirklicht die Idee eines Stuttgarter Apothekers und lässt einen kleinen Blechfußballspieler fertigen, der auf Knopfdruck einen Korkwürfel ins Tor schießt. Mangels Kapital für einen Messestand präsentiert er sich auf der Leipziger Spielwarenmesse 1926 noch vor dem Eingang, zur Fußball-WM 1954 verkauft »Tipp-Kick« 180 000 Exemplare und »Toni, der fallende Torwart«, belebt das Spiel, das heute wie das große Vorbild in Ligen gespielt wird. Die Firmenbilanz hängt stets am Auf und Ab der Fußballwelt: Der Bundesligaskandal der 70er-Jahre und der »Effe« 1994 sorgen für Umsatzeinbrüche, bei der WM 2006 steht Tipp-Kick dagegen sogar in den Bistros der Zubringerzüge.

Schwarzwalduhren ticken in den großen Museen in **Furtwangen, Schramberg**, **Villingen-Schwenningen**, **Triberg**, **Waldkirch** oder **St. Märgen**, liebenswert sind aber auch die kleinen Sammlungen in **Bernau-Kaiserhaus**, **Eisenbach**, **Gütenbach**, **Königsfeld**, **Lenzkirch**, **St. Georgen** oder **Titisee-Neustadt**.

Im Uhrmacherdorf Gütenbach sind die Brüder Faller nach dem Zweiten Weltkrieg auf »Miniaturwelten« umgestiegen: Über eine Millionen Häuschen für Modelleisenbahnen aller Spurweiten verkauft Faller jährlich, dazu voll ausgestattete Bauernhöfe, Zoos und Rummelplätze en miniature.

Da ist Musik drin

Vom Flötenton zur Sinfonie

Was wären Kuckuck und Co. ohne ihren Sound! Glöckchen, Saiten oder Stäbe sowie kleine Flöten und Pfeifen, die von Mini-Blasebälgen geblasen werden, geben der Uhr ihre Stimme. Ihr musikalisches Gedächtnis ist eine Walze, auf der Stifte und Klammern so platziert sind, dass sie beim Drehen der Walze das Ventil mit dem gewünschten Ton öffnen.

Die Zeit wird bei solchen Musikwerken Nebensache. In Frankreich bringen kleine Drehorgeln im 18. Jahrhundert Kanarienvögeln das Singen bei. Auch Schwarzwälder Uhrmacher fertigen sie für die Vogelzüchter an und seit 1996 baut Achim Schneider in Waldkirch solche Serinetten für Liebhaber.

Im Waldkircher Orgelbauersaal ist das musikalische Gedächtnis von Flötenuhren, Drehorgeln und Orchestrion zu bewundern: Eine Musikwalze der Firma Ignaz Bruder & Söhne.

Links: Der Affe ist immer dabei auf der Drehorgel. Rechts: Flötenuhren wie diese hat Ignaz Blasius Bruder noch 1825 gebaut, als er längst mit seinen Drehorgeln erfolgreich war. Sie hängt heute bei der Orgelstiftung Waldkirch.

Prachtvolle Flötenuhren mit Figurenautomaten kommen Anfang des 19. Jahrhunderts aus der Werkstatt von Ignaz Blasius Bruder. Bald verzichtet er auf das platzraubende Uhrwerk, treibt die Musikwalze mit einer Kurbel an und wird als Stammvater der Schwarzwälder Drehorgeln berühmt. Von der Obrigkeit als Bettler- und Vagabunden-Instrument misstrauisch beäugt, begleiten sie die Moritaten der Bänkelsänger und bescheren den Menschen 100 Jahre vor Kino und Rundfunk Musik und Unterhaltung. Bruders Geburtsstadt **Zell am Harmersbach** lockt jedes Jahr Fans aus ganz Europa zum Drehorgelfest.

In den 1790er-Jahren gehen zwei ehrgeizige junge Uhrmacher aus Unterkirnach auf Wanderschaft. Carl und Martin Blessing schlagen sich in Moskau mit Reparaturarbeiten durch und lernen dabei erlesene Drehorgeln und Musikuhren aus aller Welt kennen. Wieder daheim baut Carl Blessing immer bessere Spieluhren. Ihre Walzen werden immer größer, ihr Repertoire immer reicher – 1820 ist das erste Schwarzwälder Orchestrion vollendet.

Blessings Nachkommen arbeiten mit bekannten Musikern und Komponisten zusammen, parallel zur Lehre in den Werkstätten entsteht eine moderne »duale« Ausbildung mit Musikschulen in mehreren Städten. Ende des 19. Jahrhunderts verlassen jährlich über 400 Musikautomaten die

Links oben: Deftig geht es zu bei den Drehorgelfiguren aus dem Hause Bruder! Links unten: Pittoreske Figuren untermalen die Moritaten, die der Leierkastenmann zum Besten gibt. 1827 hat Ignaz Blasius Bruder diese Drehorgel gebaut, die man in Waldkirchs Orgelbauersaal bewundern kann. Rechts: 1885 baut Tobias Heitzmann in Villingen dieses prachtvolle Orchestrion für die Triberger Gewerbehalle, das heutige Schwarzwaldmuseum, wo es die Klangfülle seiner 500 Pfeifen, Trommeln und Triangeln entfalten kann.

Werkstätten in Unterkirnach, **Furtwangen**, **Vöhrenbach** und **Villingen**. Große Konzertorchestrien spielen Sinfonien, Opern-Ouvertüren, Märsche und Tanzmusik in den feinen Salons, Jahrmarktsorgeln beschallen amerikanische Vergnügungsparks, kleinere Automaten spielen in Kaffeehaus und Tanzsaal auf oder übertönen zu Stummfilmzeiten das Brummen des Vorführgeräts.

Bei Blessings Schüler Michael Welte in Vöhrenbach ordert ein Kunde aus Odessa 1846 ein Orchestrion, das nach drei Jahren Bauzeit auf 1100 Pfeifen sogar Auszüge aus Joseph Haydns Schöpfung spielt. Der Transport nach Odessa wird zum Triumphzug: Vorführungen im Karlsruher Schloss sind wochenlang das herausragende gesellschaftliche Ereignis in der badischen Residenz.

Welte hat Niederlassungen in Moskau und New York, arbeitet für Europas Königshäuser und den Sultan von Sumatra. Am neuen Stammsitz in Freiburg wird Welte endgültig zum Marktführer, als er die Steuerung seiner Instrumente von Stiftwalzen auf gelochte Papierstreifen umstellt.

Legendär ist die Salonorgel für den Speisesaal der »Titanic«: Weil sich ihre Lieferung zur Jungfernfahrt 1912 verzögert, kann sie heute im Deutschen Musikautomaten-Museum in **Bruchsal** erklingen.

Eine Sensation auf der Leipziger Messe 1905 ist das Welte-Mignon-Reproduktionsklavier: Es gibt das Spiel großer Pianisten authentisch wieder – aufgezeichnet nach einem geheim gehaltenen Verfahren. Bis 1930 verewigen sich Max Reger und Vladimir Horowitz auf Weltes Notenrollen, Claude Debussy, George Gershwin, Gustav Mahler und Richard Strauss spielen eigene Werke ein, Paul Hindemith und andere komponieren Stücke speziell für mechanisches Klavier, die von Hand gar nicht spielbar sind. Mit den Aufnahmegeräten geht 1944 im Bombenhagel in Freiburg auch das geheim gehaltene Verfahren unter, dafür erklingt zu besonderen Anlässen das Welte-Mignon des Elztalmuseums in **Waldkirch**.

Weltes Werkstatt in **Vöhrenbach** übernimmt 1874 Daniel Imhof. Sein Partner Leopold Mukle aus einer Furtwanger Familie von Spieluhrmachern führt das gemeinsame Handelshaus in der vornehmen Londoner Oxford Street weiter: Queen Viktoria ordert dort ebenso wie der Sultan von Konstantinopel. Imhof & Mukle bauen Giganten: Ihr Orchestrion für den New Yorker Jockey-Club ist zehn Meter breit und fünf Meter hoch, allein der Transport zum Bahnhof soll über eine Woche gedauert haben.

Orchestrions aus Vöhrenbach, wo noch eine Reparaturwerkstatt für

Typisch Waldkircher Orgelklang: Weich und rund klingen die Holzflöten dieser Drehorgel aus dem Haus Wilhelm Bruder & Söhne im Waldkircher Orgelbauersaal.

Oben: Die renommierten Pariser Orgelbauer Gavioli und Cie. haben diese Konzertorgel mit dem vornehmen Kapellmeister 1907 in ihrer Waldkircher Filiale gebaut. Sie steht heute im Elztalmuseum. Unten links: Werke von Ruth & Sohn aus Waldkirch galten als Rolls Royce der Kirmesorgeln. Diese gehört zur Sammlung des Elztalmuseums Waldkirch. Unten rechts: Ein ruhiges Plätzchen hat die elegante Konzertorgel von A. Ruth & Sohn aus dem Jahr 1898 im Waldkircher Orgelbauersaal gefunden, nachdem sie lange Zeit für ein Schweizer Karussell gespielt hat.

Musikwerke im »Uhrmacherhäusle« zu sehen ist, zieren Europas Museen. Zum Kauf »ihres« Imhof & Mukle-Originals im Elsass haben Vöhrenbachs Bürger ihre Spargroschen geopfert, heute steht es frisch restauriert im Rathaus.

Orgel- und Drehorgelmetropole des Schwarzwalds ist seit 200 Jahren die Stadt **Waldkirch**. Im 19. Jahrhundert statten die Werkstätten des renommierten Orgelbauers Mathias Martin und seiner Söhne rund 40 Kirchen im Breisgau mit Orgeln aus, hier macht sich Johann Franz Anton Kiene 1887 selbständig, dessen Werkstatt heute sein Urenkel Wolfram Stützle leitet.

Drehorgeln, Musikautomaten und Jahrmarktsorgeln halten 1834 mit Ignaz Blasius Bruder und seinen Söhnen Einzug in Waldkirch. Ein Jahrhundert lang kommen aus den Werkstätten der Familie handliche Instrumente für Bänkelsänger und Bärenführer oder auch die Karussellorgel, auf der ein ganzes Feuerwehrorchester ab 1912 augenrollend in einem Vergnügungspark auf Coney Island aufspielt.

Bruders Azubi Andreas Ruth und seine Söhne konzentrieren sich auf immer anspruchsvolleres klassisches Repertoire bis hin zu Richard Wagner, Orchestrien des Waldkircher Zimmermannssohns August Weber geben sogar den Klang von Violine und Klavier wieder.

Der 1. Weltkrieg stoppt die Schwarzwälder Orchestrien, danach werden sie von Grammofon und Radio abgelöst. Orgeln und Drehorgeln kommen aber bis heute aus Waldkirch.

Dort fertigen die Orgelbaumeister Heinz Jäger und Wolfgang Brommer Kirchenorgeln für Gotteshäuser von Freiburg bis ins japanische Nagoya ebenso wie exotische Drehorgeln. Zudem restaurieren sie kostbare historische Instrumente, was neben technischem Können auch die Fähigkeit erfordert, die Klangvorstellungen der alten Meister nachzuempfinden.

Diese Königsklasse des Orgelbaus hat auch Paul Fleck und seine Söhne nach Waldkirch gezogen: Der Toningenieur des WDR beginnt im Keller seiner Kölner Wohnung mit Orgelrestaurierungen. Beide Söhne werden Orgelbauer und eröffnen 1993 gemeinsam mit dem Vater ihre Werkstatt in Waldkirch. Um ein historisches Werk wieder zum Klingen zu bringen, wird es in seine Abertausende von Einzelteilen zerlegt und akribisch dokumentiert – damit zuletzt wieder jedes Stück am richtigen

Die Waldkircher Künstlerorgel Altobella Furiosa kann man beim Elztalmuseum sogar für private Konzerte mieten.

Platz sitzt. Dabei fahnden die Restauratoren auch nach Schraubenlöchern und anderen Spuren verloren gegangener Teile. Aus einem Sortiment von Tuchen, Filz und Leder, Schrauben, Federn und lufttrockenen Hölzern wird ersetzt, was verschwunden oder irreparabel ist – aber nur das: Wie neu soll das historische Instrument nach der Restaurierung weder aussehen noch klingen.

Die Antike bebt, wenn die moderne Wasserachterbahn des Waldkircher Familienunternehmens Mack durch das Hellas des Europaparks donnert.

Alle drei Jahre zieht Waldkirch beim Internationalen Orgelfest sämtliche Register, in der Zwischenzeit präsentieren das Elztalmuseum und der Orgelbauersaal der Waldkircher Orgelstiftung kostbare Werke aus heimischer Produktion.

Megacoaster aus dem Schwarzwald

Der spektakulärste Ableger des Waldkircher Orgelbaus entsteht aus der Stellmacherei von Paul Mack, die im 18. Jahrhundert Postkutschen und Fuhrwerke baut. Die Enkel spezialisieren sich auf Transportwagen für die großen Orgeln und Spezialfahrzeuge für Schausteller. Im 20. Jahrhundert ist Mack mit luxuriösen Wohnwagen Hoflieferant des Zirkus Krone. Mit Holzpferdchen für Karussells steigt die Familie selbst ins Schaustellergeschäft ein, 1921 baut sie ihre erste Achterbahn, 50 Jahre später stattet Weltmarktführer Mack Amerikas Disneyparks aus. Als Franz Mack und sein Sohn Roland einen insolventen Märchenpark und ein kleines Renaissanceschlösschen im Fischerdorf Rust kaufen, unken Experten von der Freizeitruine in einer strukturschwachen Region, aber schon im Eröffnungsjahr 1975 lockt der Europa Park Rust eine Viertelmillion Menschen an. 2008 ist er mit vier Millionen Besuchern Europas größter Freizeitpark nach Disneyland

Paris, wickelt nebenbei jährlich rund 1000 Tagungen und Konferenzen ab, verbucht 500 000 Übernachtungen in seinen Hotels, beschäftigt 3000 Menschen und mehr als doppelt so viele Arbeitsplätze hängen indirekt von ihm ab.

Die Attraktionen liefert nach wie vor der Familienbetrieb in Waldkirch. Er heißt jetzt Mack Rides und seine Achterbahnen Coasters, geblieben ist die echt Schwarzwälder Erfolgsmischung aus Erfindungsreichtum und handwerklichem Können.

Die Schwarzwaldradios

Von der Musikwalze zur Schellackplatte ist es für Schwarzwälder Feinmechaniker und Tüftler nur ein kleiner Schritt: 1906 fertigen zwei Söhne eines Uhrenzulieferers in **St. Georgen** Federwerke für Orchestrions und bald auch Grammofonlaufwerke. Christian und Josef Steidinger gehen danach getrennte Wege: Josef Steidingers Firma »Perpetuum« macht 1948 mit dem »Phonokoffer« Furore. 1972 wird PE mit 1400 Mitarbeitern und Zweigwerken in Tannheim, Obereschach und Hornberg von Christian Steidingers DUAL geschluckt, deren Musiktruhe mit Radio und Plattenspieler das Wohnzimmer der 50er-Jahre ebenso prägt wie der Nierentisch.

DUAL hat damals 3500 Mitarbeiter in neun Werken und jeder vierte Plattenspieler in Deutschland kommt aus St. Georgen. Zehn Jahre später ist DUAL pleite. Der Scherbenhaufen geht durch verschiedene Hände, 1995 erwirbt Karstadt den Markennamen für eigene Geräte.

Die Plattenspielersparte, für die sich niemand mehr interessiert, kauft ein ehemaliger DUAL-Mitarbeiter. Sein Geld verdient Alfred Fehrenbacher mit Autoelektronik, die DUAL-Phono GmbH in St. Georgen aber macht er zur Anlaufstelle für Vinyl- und Schellackfans, die ihre Sammlungen auch im digitalen Zeitalter noch genießen wollen.

Nur einen Katzensprung entfernt baut der Villinger Uhrmacher Hermann Schwer 1926 in seiner »Schwarzwälder Apparate Bau Anstalt« die ersten Radio-Baukästen und bald darauf auch Radios, 1953 bringt SABA einen der ersten deutschen Fernsehempfänger heraus.

Beim Einstieg ins Farbfernsehen jedoch wird das Geld knapp, die Konkurrenten Grundig, Telefunken und Philips zanken sich um den Übernahmekandidaten, der still und leise an die Amerikaner verkauft wird. 1973 beschäftigt SABA wieder 6000 Menschen, aber massenhaft defekte Bildröhren lassen das erhoffte Rekordgeschäft zur Fußball-WM ein Desaster werden: Man munkelt von Sabotage.

Der französische Konzern Thomson-Brandt, der auch Nordmende, Telefunken und DUAL schluckt, verleibt sich SABA ein. Die Werke in

Ein Gerät für gehobene Ansprüche ist der »Weltsuper 630«, den SABA 1935 auf den Markt bringt: Für 307 Reichsmark ist er viermal so teuer wie der Volksempfänger.

Friedrichshafen und Rottweil werden geschlossen. Im Villinger Werk arbeiten 1987 noch 2000 Menschen, als sich in der Stadt herumspricht, eine Spedition sei schon beauftragt, die Maschinen abzubauen und ins Ausland zu schaffen. Die Belegschaft stoppt die Demontage durch Gerichtsbeschluss, aber die Villinger Produktion wird schrittweise an andere Standorte verlagert. Erhalten bleibt nur das Thomson-Forschungs- und Entwicklungslabor mit zuletzt noch 100 Mitarbeitern im Innovationspark auf dem ehemaligen SABA-Gelände.

Mit der Berliner »Schaub-Elektrizitätsgesellschaft« ziehen Röhren und Detektoren 1934 auch in Pforzheim ein. Wegen der Berlin-Blockade fertigt Schaub-Lorenz ab 1950 Fernschreiber und Radio- und Fernsehempfänger konzentriert in Pforzheim, wo bald über 1200 Mitarbeiter beschäftigt sind. Als die neue Konzernmutter SEL in den 70er-Jahren mit Unterhaltungselektronik Millionenverluste macht, wird das Pforzheimer Werk von einem Käufer zum nächsten weitergereicht und schrumpft dabei jedes Mal auf heute 400 Arbeitsplätze beim französischen Thales-Konzern.

Aus einer Reparaturwerkstatt im benachbarten Ittersbach wird ein Radiobauer, der 1949 Deutschlands Branchenriesen das Fürchten lehrt: Kaum bringt Max Egon Becker seinen »AS 49« auf den Markt, baut Daimler Benz nur noch den »Becker« in seine Nobelkarossen ein. Rennsportfan Becker nennt seine Serien Avus, Monza oder Nürburg und sichert sich stets die Pole-Position bei Innovationen: Automatischer Sendersuchlauf, Kassettendeck, CD-Player, Navigationssysteme. Aber im Preiskampf kommt er ins Trudeln, wird zum 50. Firmenjubiläum 1995 insolvent und von Harman International aus den USA aufgekauft. Nur die Flugfunksparte bleibt in Familienbesitz. »Wir bauen die besten Autoradios der Welt«, protestieren die 1500 Ittersbacher Mitarbeiter, als der Konzern 2009 ein Viertel seiner Arbeitsplätze in Deutschland abbauen will.

Die Goldstadt

Die Goldader im Waisenhaus

Händler, Flößer und Tuchmacher bringen im Mittelalter Wohlstand in die alte Römerstadt Pforzheim. Sie wird die bedeutendste Stadt Badens und ist bis 1565 – mit Unterbrechungen – Residenz der Markgrafen.

Ende des 17. Jahrhunderts siedeln sich Waldenser und Hugenotten in Pforzheim und Umgebung an. Als qualifizierte Handwerker sind die französischen Glaubensflüchtlinge bei ihren neuen Landesherren hoch willkommen. Markgraf Karl Friedrich erteilt Jean Francois Autran und seinen Kompagnons 1767 die Genehmigung für eine Taschenuhrenfertigung im ehemaligen Dominikanerinnenkloster, das zum Waisen-, Zucht- und Tollhaus umfunktioniert war und jahrzehntelang eine unren-

Pforzheims Denkmal für seine »Rassler«: So nannte man einst die Pendler aus den Dörfern, wenn sie mit ihren lauten Nagelschuhen zur Arbeit in die Schmuckfabriken eilten.

Faszination des Goldes: Im Pforzheimer Reuchlinhaus ist Schmuckkunst aus fünf Jahrtausenden zu sehen.

table Textilmanufaktur beherbergt hatte.

Im Waisenhaus fertigt man keine Billiguhren für Jedermann, sondern Luxusware für den Export. Gehäuse- und Kettenmacher müssen dafür auch das Goldschmiedehandwerk beherrschen und bald ist das Unternehmen mit Schmuck erfolgreicher als mit Uhren. Junge Goldschmiede gründen eigene Betriebe und Anfang des 19. Jahrhunderts ist Pforzheim mit 900 Fabriken das Weltzentrum für Schmuckwaren. Fast 30 000 Menschen fertigen Colliers und Modeschmuck, Tafelgeschirr und Besteck aus Edelmetall, aus den Dörfern eilen sie zu Tausenden mehrere Wegstunden zur Arbeit in die Stadt. Abends bestellen die »Goldschmiedsbäuerle«, an die das Waldhufen-Museum in **Engelsbrand** erinnert, ihre Äcker: Sie sind ihre Arbeitslosenversicherung.

Im heutigen Rodviertel entstehen die Fabrikantenvillen: Jugendstil-Landhäuser, historisierende Barockpalais und neogotische Schlössle prägen die denkmalgeschützten Straßenzüge.

Nach dem 1. Weltkrieg poliert die Stadt ihre Uhrentradition auf, Pforzheimer Armbanduhren erringen Weltruf und Schmuckfabriken spezialisieren sich auf Uhrengehäuse, -ketten und -armbänder. Mit Klingel, Wenz und Bader entstehen ab 1925 drei der ältesten Versandhäuser Deutschlands. Der Bader-Katalog 1929 präsentiert nicht Kleidung, sondern Schmuck, Armbanduhren, Besteck und Silberwaren.

Am 23. Februar 1945 wird Pforzheim bei einem britischen Luftangriff fast völlig zerstört, 17 600 Menschen sterben im Bombenhagel.

Nur acht Jahre später ist Pforzheim wieder Weltmarktführer für Schmuck und Silberwaren und bis heute kommen drei Viertel des deutschen Schmucks aus der Goldstadt. Pforzheimer Hersteller bringen hochwertige

Uhren zu vernünftigen Preisen auf den Markt, die Pforzheimer Uhren-Rohwerke werden eine der größten Rohwerkefabriken Europas außerhalb der Schweiz und der Mittelständler Philipp Weber stiehlt 1971 den Großkonzernen die Schau, als er Deutschlands erste Quarz-Armbanduhr präsentiert.

Aber Qualität ist nicht alles, muss Karl Scheufele in den 60er-Jahren erkennen: Seine kostbaren Juwelenuhren made in Pforzheim bleiben im Regal liegen, während Uhren in Scheufele-Gehäusen unter prominenten Markennamen Spitzenpreise erzielen. Also kauft sich der No-Name einen Namen und ist als Chopard Genève erfolgreich.

Einen großen Namen führt die Schmuckmanufaktur Victor Mayer. Sie war einst Zulieferer des russischen Hofjuweliers, der die legendären Fabergé-Eier für die Zarenfamilie fertigte. Als der Unilever-Konzern 1989 den Markennamen für angeblich 1,5 Milliarden Dollar erwirbt, sichert sie sich die Lizenz für Fabergé-Eier und -Uhren.

Weil 200 Jahre Erfahrung mit Schmuck und Uhren in Fernost ebenso wenig nachzuahmen sind wie in der Schweiz, wird mancher Pforzheimer Betrieb auch verlängerte Werkbank legendärer Weltmarken aus Genf, Mailand und Paris – in aller Diskretion allerdings: Wer plaudert, ist solche Aufträge schnell los.

Unersetzliches Know-How bewahren Bethge & Söhne in Ispringen: Sie haben fast 100 000 Stahlstiche historischer Zifferblätter archiviert und restaurieren damit kostbare Sammlerstücke – Uhren ebenso wie Tachos und Instrumente in Oldtimer-Autos.

Hinter den Kulissen

In den Werkstätten der Goldschmiede wird das Wasser beim Händewaschen gefiltert und vom Fußboden könnte man essen: »Kehrets« und »Gekrätz«, also Hobel- oder Bohrspäne und die Rückstände aus Schmelztiegeln und Metallbädern sind Gold wert. Sie werden in Betrieben aufbereitet, die es nur in den Schmuckzentren der Welt gibt: Den Scheideanstalten. Tatsächlich stammt ein Großteil der verarbeiteten Edelmetalle aus dem Recycling und immer wenn in Krisenzeiten der Goldpreis steigt, haben die Scheideanstalten Hochkonjunktur.

Die 1845 gegründete Kehretsanstalt Heimerle + Meule gilt als eine der ältesten in Deutschland. Die größte in Pforzheim ist die Allgemeine Gold- und Silberscheideanstalt: Sie verarbeitet jährlich über 1000 Tonnen edelmetallhaltiges Material, ihre Tresore erinnern an Fort Knox.

Reines Gold ist für Schmuck zu weich, erst durch Legierungen mit anderen Metallen wird es widerstandsfähig und erhält seine Farbtöne. Dazu braucht man anspruchsvolle Chemielabors. In der Scheideanstalt von Theodor Wieland machen die Söhne des Inhabers ihre ersten Experimente, 1927 erhält Heinrich Otto Wieland den Chemie-Nobelpreis.

Weil im Dunstkreis von Gold und Silber auch die Versuchung lauert, überwachen markgräfliche Beamte schon im 18. Jahrhundert den Goldgehalt im Pforzheimer Schmuck. Einer von ihnen ist Christian Ferdinand Oechsle aus Buhlbach. Nebenbei baut er Präzisionswaagen, macht die Mostwaage durch Serienfertigung für die Winzer erschwinglich und gibt ihr eine praktische Ableseskala: Die Oechslegrade.

Hinter den Kulissen der Goldstadt arbeiten auch branchentypische Einrichtungen wie das Deutsche Diamant-Institut, der Creditoren-Verein als Schufa für Schmuck und Uhren und eine Außenstelle des Deutschen Instituts für Normung. Sie gibt DIN-Normen für Feinmechanik und Optik sowie deren Anwendung in Medizin- und Mikrosystemtechnik vor, Branchen, die Schmuck- und Uhrenhersteller längst erobert haben: Der flexible Metallschlauch, den der Schmuckfabrikant Heinrich Witzenmann 1885 erfindet, wird heute im Haushalt ebenso gebraucht wie in Fahrzeugbau, Luft- und Raumfahrt. Im Weltraum begegnet der Witzenmann-Schlauch vielleicht den Wunderwerken der Micro-Mechanik der Pforzheimer Traditionsfirma Haager. Sie beliefert Raumfahrt und Schmuckindustrie ebenso wie Medizin- und Dentaltechnik.

Einer der jungen Stars auf dem Pforzheimer Parkett ist Andreas Schüßlers Admedes: Seit 1996 stellen seine 300 Mitarbeiter Stents her, jene winzigen Röhren, die Herzkranzgefäße und Arterien offen halten.

Das eindrucksvolle Jugendstilgebäude war einst Sitz der Kettenfabrik Kollmar & Jourdan. Mit fast 2000 Arbeitern war sie einer der größten Schmuckbetriebe der Welt.

Kreativ aus der Krise

Die Tresore der Scheideanstalten und die Werkstätten der Luxus-Hersteller bleiben Pforzheim-Besuchern zwar verschlossen, dafür bietet die Goldstadt mit den »Schmuckwelten« ein einzigartiges Schaufenster der Branche, Schmuckerlebnis und Einkaufs-

Links: Lichtbrechung im Diamantspiegel der »Schmuckwelten«, Pforzheims europaweit einzigartigem Einkaufs- und Erlebniszentrum für Schmuck und Uhren. Mitte: Jahrhundertealt, bescheiden, aber unverzichtbar, gehören sie bis heute zur Grundausbildung für Edelsteinschleifer, Graveure und Goldschmiede: Auf »Kittstöcken« wie hier im Waldkircher Elztalmuseum werden kostbare Werkstücke mit »Fasserkit« befestigt, damit man sie bearbeiten kann. Rechts: Rätselhaft – postmodernes Design im Schmuckmuseum.

palast der Superlative: Nirgendwo auf der Welt ist so viel Schmuck zu sehen wie hier.

Fünf Jahrtausende Schmuck vereint das Pforzheimer Reuchlinhaus und die Herstellung funkelnder Kostbarkeiten kann man im Technischen Museum der Schmuck- und Uhrenindustrie an über 700 historischen Maschinen erleben. Sie stehen im ehemaligen Gebäude der Kettenfabrik Kollmar & Jourdan, die 1977 aufgeben musste – einer der vielen Pforzheimer Betriebe mit einst 28 000 Arbeitsplätzen, die heute verschwunden sind.

Das Industriedenkmal Kollmar & Jourdan ist zugleich ein Hoffnungsträger der Goldstadt, die 2009 die höchste Arbeitslosenquote in Baden-Württemberg hat: Es soll Pforzheims Nervenzentrum für die Zukunftsbranche Kreativwirtschaft werden. Sie umfasst Branchen wie Architektur und Design, Museen, Medien, Software und Werbung. Kreativität steht in Pforzheim schon 1768 auf dem Lehrplan der ersten Gewerbeschule der Welt. In den 20er-Jahren unterrichtet die Goldschmiede- und Uhrmacherschule über 2400 Schüler in Berufen wie Gravierer oder Elfenbeinschnitzer. Heute gilt sie als die einzige in Europa, die sowohl handwerklich-technische als auch kreativ-gestalterische Fähigkeiten vermittelt. Daneben bildet die »Hochschule Pforzheim« 4500 Studierende in Gestaltung, Technik, Wirtschaft und Recht aus.

Im Webland

■ Jahrhundertelang gehört das Spinnrad zu jeder Familie und Flachs, Wolle, Baumwolle und Seide sichern den Lebensunterhalt.

Zwischen Webstuhl und Bettelstab

Das Spinnrad fehlt in keiner Bauernstube und keinem Heimatmuseum. Jahrhundertelang spinnt frau für die Aussteuer, und Tausende von Schwarzwaldfamilien leben von Spinnerei und Weberei. Mit dem Blauen Allgäu kann sich der Schwarzwald zwar nicht messen, aber silbrig glänzender Waldflachs ist auf den Märkten in Liebenzell oder Calw ein begehrter Rohstoff für Württembergs Leinenweber. Die Museen in **Gechingen**, **Loßburg**, **Schiltach** oder **Wildberg** erinnern an die mühsame Arbeit der Bauersfrauen, bis die Faser von den harten Stängeln befreit und gedörrt, gebrochen, gehechelt, gekämmt, geschwungen und endlich fertig zum Spinnen ist. Oft wird Flachs nur für den Eigenbedarf angebaut, die kargen Äcker braucht man für Nahrungspflanzen – deshalb lehnt Triberg im 18. Jahrhundert die Gründung einer Leinwandfabrik ab. Wie man sich auf vielen Höfen mangels Flachs mit Brennnesselfasern

Neben dem traditionellen Handwebstuhl zeigt Schiltachs Museum am Markt die vielen Arbeitsschritte, bis aus harten Flachsstängeln Leinengarn wird.

beholfen hat, kann man heute noch im **Münstertäler** Schwarzwaldhaus sehen.

Wolle dagegen gedeiht im Überfluss: Im Mittelalter ziehen riesige Schafherden durch die Gäulandschaften und den östlichen Schwarzwald – fast 4000 Tiere allein im Raum Wildberg, das 1723 eine »Nebenlade« der Markgröninger Schäferzunft bekommt und alle zwei Jahre den Schäferlauf abhält.

Versponnen wird die Wolle auf den Dörfern – im 16. Jahrhundert spinnen über 800 Frauen allein für Pforzheims Tuchmacher. Auch in Calw, Nagold und Villingen, Ettlingen und Schiltach sind die Tuchmacher eine angesehene, städtische Zunft.

Als jedoch Stoff aus feiner, langer Wolle, das sogenannte »Zeug«, in Mode kommt, entsteht die Zeugweberei als »unzünftiger« Beruf, den auch Kleinbauern und Taglöhner auf dem Land in Heimarbeit ausüben können. Ihre Abnehmer sind städtische Kaufleute: Sie besitzen die Walkmühlen, die den Stoff geschmeidig machen, die Färbereien zum »Schönfärben« und die nötigen Handelskontakte. In Calw gründen einflussreiche Färber und Händler das größte Textilunternehmen Württembergs, die Calwer Zeughandelscompagnie. Der Herzog verleiht ihr 1650 ein unbezahlbares Monopol: Nur sie darf Wollzeug exportieren, nur ihr dürfen Weber und Spinnerinnen von Altensteig bis Böblingen und von Calw bis Herrenberg ihre Ware anbieten, selbst verkaufen darf der Weber nur Ausschuss, den sie abgestempelt hat. Die umgangssprachlich Calwer Compagnie genannte Firma diktiert die Preise und liefert ihren Webern überteuerte

Wolle, die sich dafür hoch verschulden. Ebenso von ihr abhängig sind Schaf- und Ziegenhirten, aber auch Schmiede, Schreiner oder Drechsler, die Webstühle, Spinnräder, Scheren und Kämme fertigen. Zugleich hintertreibt die Compagnie die Ansiedlung anderer Betriebe, die ihr die Arbeitskräfte abspenstig machen könnten.

Als Ende des 18. Jahrhunderts Baumwolle die Wollstoffe verdrängt und die Compagnie sich auflöst, haben ihre Teilhaber die Profite längst in Holzhandel, Bergbau, Farbmühlen und Banken investiert. Viele Weberfamilien aber verarmen vollends, wer Glück hat, findet Arbeit in den staatlich geförderten Baumwollspinnereien, Strumpf- und Strickjackenfabriken. Die letzte Erbin der CC, die Calwer Decken- und Tuchfabriken, schließen 1997.

Gerber und Textilbarone, Holzhändler und Bankiers haben Calw reich gemacht. Nach dem großen Stadtbrand 1692 ist eine Fachwerkstadt wie aus dem Bilderbuch entstanden.

Am seidenen Faden

Seide »kleidet den Reichen und nährt den Armen«, heißt es im 18. Jahrhundert vom Wiesental bis Villingen. Während der badische Markgraf erfolglos mit der Seidenraupenzucht kämpft, spinnen und weben im Südschwarzwald zwei Drittel der Bevölkerung Seide aus der Schweiz, wo das kostbare Gespinst schon im Mittelalter gehandelt und verarbeitet wird. Schweizer Seidenmanufakturen entstehen im Wiesental, in Waldshut oder Säckingen. Basler Fabrikanten lassen in Villingen und Rottweil Florettseide verspinnen, die bei der Aufbereitung der Seidenraupenkokons abfällt.

Die Menschen verdienen ihr Brot mit Luxusware, die sie selbst nie tragen: Musselin für die Damenmode des Empire ist eine Spezialität Appenzeller Fabrikanten. Im Hotzenwald lassen sie das Garn dafür spinnen und den fertigen Stoff besticken.

Die kunstvollen Seidenbänder, die Carl Christian Mez um 1768 im Gebäude des heutigen Heimatmuseums in Kandern webt, finden auch Abnehmer vor Ort: Allein für die prächtige Hörnerkappe der Markgräfler Tracht mit ihrer ausladenden Schleife braucht man bis zu vier Meter Seidenband. Die Firma Mez zieht nach Freiburg um, spezialisiert sich auf Nähseide und gründet Zweigwerke in Villingen, Münstertal, Elzach, Christophstal und Karlsruhe.

Die Freiburger »Mezi« ist heute Vergangenheit und der letzte Schwarzwälder »Posamenterstuhl« steht in **Görwihl**, wo über 500 Seidenbandweber 1908 die Hauptkunden der Stromgenossenschaft »Wald-Elektra« waren.

Eine leer stehende Seidenbandmanufaktur in Lörrach wird 1880 die erste Auslandsfiliale eines Familienbetriebs, der am Neuenburger See Kakaobohnen für Schokoladengetränke mahlt. 20 Jahre später bringt Suchard erstmals Schokolade aus Milch und Kakao auf den Markt, kurz Milka. Heute kommen täglich bis zu drei Millionen Tafeln lila Alpenmilchschokolade aus Lörrach.

»Nie wieder bügeln!«, das verspricht Kunstseide aus Freiburg in den 50er-Jahren: Der Stoff für das Nyltest-Hemd kommt von Rhodia, die 1927 von Großindustriellen wie Flick und Thyssen aus Deutschland, Frankreich und der Schweiz gegründet wird. Sie beschäftigt in den 60er-Jahren 5000 Menschen, spezialisiert sich auf Zelluloseacetat für Zigarettenfilter und ist heute mit knapp 1000 Mitarbeitern das größte Unternehmen des Rhodia Industrieparks im Freiburger Norden.

In jedem Nähkästchen ist bis heute »Gütermann« zuhause: Die Wiener Firma zieht 1867 nach Gutach, weil sich das weiche Wasser der Elz so gut zum Färben ihrer Nähseide eignet. In den 30er-Jahren ist ihr Verkaufskasten für Garnröllchen aus

Kostbare Stickarbeiten ernähren im 18. Jahrhundert Tausende von Menschen im Südschwarzwald. Die Obrigkeit sorgt sich, die Frauen könnten bei der Arbeit allerlei Possen und Zoten treiben, die Bauern wettern, weil die Mägde die Feldarbeit vernachlässigen.

keinem Kurzwarengeschäft wegzudenken, heute steckt High-Tech-Garn aus Gutach in Airbags und Airbus-Tragflächen. Als Christo 1995 den Reichstag verhüllt, halten 1300 Kilometer Gütermann-Faden das Kunstwerk zusammen und eine einzige Tagesproduktion aus Gutach reicht fünfmal um den Erdball.

»Im Wiesental Fabriken stehn ...«

Das Lebenselixier im »Webland« von Basel bis zum Feldberg wird im 18. Jahrhundert die Baumwolle, die Schweizer Handelshäuser aus dem Mittelmeerraum importieren. Tausende spinnen und weben, wässern die Stoffe im weichen Wasser der Wiese und bleichen sie am Ufer in der Sonne. Als farbig bedruckte Baumwolle »à la Indienne« den Textilmarkt aufmischt, wird sie in einigen Ländern zum Schutz der Woll- und Leinenweberei sogar verboten, nicht aber in der Schweiz. 1753 gründet ein Berner Fabrikant in Lörrach die erste badische Indiennefabrik, 100 Jahre später ist KBC einer der größten Arbeitgeber des Landes.

Der »Schnellschütze« aus England gilt als Pionier der Industriellen Revolution. Er ist eine verbesserte Form des Webschiffchens, das jahrhundertelang im Leben Tausender von Heimarbeitern den Takt schlägt. Oft wechselt sich die ganze Familie im Schichtbetrieb am Webstuhl ab.

Als Baumwolle den Massenmarkt erobert, finden Schweizer Fabrikanten im Schwarzwald billige Arbeiter, Wasserkraft und großzügige Förderung: Die Fürstenbergische Regierung lässt Spinnschulen für Kinder einrichten, das Kloster St. Blasien ermächtigt einen Unternehmer, alle »in Müßiggang liegenden und zur Arbeit tüchtigen Untertanen« zur Arbeit zu verpflichten.

Sogenannte »Ferger« lernen im Auftrag der Kapitalgeber Spinnerinnen und Weber an, liefern Rohmaterial und Werkzeug auf Kredit und nehmen die fertige Ware ab. Sie errichten ein System von Abhängigkeit und Ausbeutung, dem die Arbeiter kleine Betrügereien entgegensetzen: Nach der Beichtzeit, so wird berichtet, erhalten die Unternehmer massenhaft verschwundene Ware heimlich zurück. Nur die Spinnerinnen hätten beschlossen, das Verfälschen von Garn sei keine Sünde.

Die Spinnerinnen werden bald von Spinning Jenny aus England ersetzt, 1809 baut Johann Georg Bodmer aus Küsnacht im Kloster St. Blasien die ersten badischen Spinnmaschinen. Kinder bedienen sie in der Versuchsfabrik, wo auch der Brand ausbricht, der 1874 die Kuppel des Doms zerstört.

Maschinenbau und Textilindustrie bringen sich im 19. Jahrhundert gegenseitig in Schwung: Die Familie Koechlin aus Mulhouse liefert

Der 120 Jahre alte Jacquard-Webstuhl im Textilmuseum in Zell webt nur noch für Besucher. Der erste seiner Art wurde 1806 in Lyon von der Weberzunft öffentlich verbrannt. Man fürchtete eine Arbeitsplatzvernichtung wie schon zuvor durch Spinning Jenny.

schlüsselfertige Textilfabriken sowie Dampfmaschinen für die Koechlinschen Spinnereien und Webereien in Offenburg, Waldkirch und im Wiesental, später bauen sie sogar Lokomotiven und Eisenbahnen. Um 1830 beschäftigen die Betriebe der Unternehmerdynastie über 5000 Menschen.

Bunte Stoffe lassen auch die Schweizer Chemiegiganten wachsen: Als in den 1860er-Jahren synthetische Farben aufkommen, produziert die Firma Geigy in Basel Farben für ihre Baumwollstoffe aus dem Wiesental. Farbige Baumwolle schlägt jede Konkurrenz: 1877 zieht eine Buntweberei in **Wehr**-Brennet ein, binnen 20 Jahren schluckt sie die benachbarte Tuchfabrik und die Seidenspinnerei in Hausen. Heute produziert die Brennet AG Hemden- und Blusenstoffe, Berufskleidung und Bettwäsche, das Textilmuseum Brennet dokumentiert die Geschichte der Branche im Südschwarzwald.

Als der Hochrhein badisch wird, ziehen Schweizer Investoren in aufgehobene Klöster und stillgelegte Eisenwerke. Branchengrößen sichern sich die Genehmigung zur Fabrikgründung, noch bevor Badens Beitritt zum Deutschen Zollverein 1836 den Zugang zu einem riesigen Markt öffnet: Sarasin in Lörrach, Geigy und Merian in Steinen-Höllstein.

»Im Wiesental Fabriken stehn wie Schlösser klar und hell ...«, heißt es im Badnerlied, doch der Schein trügt: Die Menschen, die in diesen Schlössern sechs Tage die Woche 16 Stunden oder länger arbeiten, werden krank von Staub und Hitze und schwerhörig vom Lärm. Aber Arbeitskräfte gibt es im Überfluss: Ehemalige Heimarbeiter, die von der Landwirtschaft nicht leben können, strömen in die städtischen Fabriken. Dort verdienen sie weniger als zuvor, weil an den Maschinen auch Anfänger schnell angelernt werden können. Frauen arbeiten für Billiglohn und Kinderarbeit ist selbstverständlich. Erst 1870 wird sie in Baden für Kinder unter 12 Jahren verboten.

Die gemeinsame Fabrikordnung der Wiesentäler Unternehmer von 1837 diszipliniert die Arbeiter: Ein Teil des Lohns wird als Sparpfennig einbehalten und erst beim regulären Austritt aus dem Unternehmen ausbezahlt – bei Entlassung verfällt er.

Unternehmer gründen aber auch Fabrikschulen, Spitäler, Kranken- und Rentenversicherungen. Karl Mez, der 1848 in die Nationalversammlung einzieht, führt die Freiburger Mezi als Musterbetrieb: Junge Arbeiterinnen quartiert er bei Familien ein, wo die Hausmutter für ihr Wohl sorgt. Alte bekommen vollen Lohn bei verkürzter Arbeitszeit, Arbeitsunfähige werden in Werkswohnungen versorgt, es gibt eine eigene Badeanstalt, Kantinenessen und eine Betriebssparkasse.

Waldbesitzer und Großbauern im Kinzigtal verfluchen den »Fabrikteufel«, berichtet Heimatschriftsteller Heinrich Hansjakob: »Durch eine Fabrik verlieren wir unsere Knechte, Mägde und Taglöhner, wir müssen höhere Löhne bezahlen, weil die Arbeiter rarer werden, und bekommen eine Fabrikbevölkerung, die früher oder später uns zur Last fällt.«

Aber auch in **Schiltach**, wo Flachsanbau, Leinenweberei und Strumpfstrickerei Tradition haben, entstehen eine mechanische Spinnerei und Zwirnerei und später zwei Tuchfabriken für Loden und Uniformstoffe. Beide existieren heute nur noch im Heimatmuseum, auf ihrem Gelände produziert ein High-Tech-Betrieb hochempfindliche Messgeräte und Präzisionsteile.

Der Niedergang der Textilindustrie kostet Zehntausende von Arbeitsplätzen am Hochrhein und im Wiesental, 4000 allein bei der Zell-Schönau AG: Irisette-Bettwäsche wird heute im Münsterland hergestellt, die historische Fabrikhalle in **Zell** ist ein Museum. In Lörrach ist der einst größte Arbeitgeber KBC von 5000 auf 600 Mitarbeiter geschrumpft und 1999 schließt der Quelle-Konzern das Versandhaus Schöpflin, das er 1964 mit über 2000 Beschäftigten übernommen hatte. Zum Reizwort wird Quelle auch in Murg, als der Schickedanz-Schwiegersohn und spätere Quelle-Chef Hans Dedi die ererbte Gummibandweberei Hüssy & Künzli mit dem Marktführer Gold-Zack vereint, der in den 90er-Jahren am Aktienmarkt untergeht.

Die Reste des Traditionsunternehmens sammelt die einstige Seidenbandweberei Bally aus Bad Säckingen auf. Ihr neuer Stammsitz ist Maulburg, wo einst MEDIMA-Unterwäsche produziert wurde. Bally heißt heute ITG und produziert Airbaggewebe statt Hosenträger. Technische Textilien sind eine Alternative zur Kleidung, die konkurrenzlos billig aus Asien kommt, und so liefert eine der ältesten Baumwollspinnereien des Wiesentals in Todtnau heute Spezialgewebe für Autoreifen.

Maschinen- und Werkzeugbau haben im Wiesental neue Arbeitsplätze geschaffen. Auch im historischen »Fabrikschloss« in Ettlingen, wo 1836 die erste Aktiengesellschaft der badischen Textilindustrie gegründet wurde, ist ein Industriepark mit über 2000 Arbeitsplätzen entstanden. Schlagzeilen macht Ettlingens verbliebene Textilsparte 1994 mit einem spektakulären Großfeuer – erst nach Wochen sind die letzten Brandnester in den glimmenden Baumwollballen gelöscht.

Seinen dritten Frühling erlebt das einstige Eisenwerk in Waldkirch-Kollnau: Nach dem Konkurs der Koechlinschen Spinnerei und Weberei werden die prächtigen Hallen der alten KSW ein modernes Gründerzentrum.

Das gelingt nicht überall: 1995 schließt die einst modernste Taschentuchweberei Europas in Blumberg. Man findet keine neue Nutzung für die denkmalgeschützten Fabrikhallen der Lauffenmühle. 2009 fällt das Werk des Karlsruher Architekten Egon Eiermann der Abrissbirne zum Opfer.

Maschinen ersetzen die Kunstfertigkeit der Stickerinnen und Näherinnen – heute stehen sie selbst im Wiesentäler Textilmuseum, wo einst Tausende von Menschen mit Irisette-Bettwäsche ihr Brot verdient haben.

Wege durch den Schwarzwald

Einladend breit ist das Kinzigtal selbst noch mitten im Schwarzwald wie hier bei Haslach. Schon die Römer nutzten das Tal für ihre Heerstraße vom Elsass nach Schwaben. Im 19. Jahrhundert wurde die Kinzig begradigt und in ein schnurgerades Kanalbett gezwängt.

Reisen im Schwarzwald ist jahrhundertelang ein Abenteuer. Selbst die wichtigsten Fernstraßen sind im Mittelalter nur schmale Bohlen- oder Karrenwege, aber sie sind die Lebensadern der Wirtschaft. An den Handelswegen vom Elsass und der Rheinebene nach Schwaben blühen reiche Städte auf: Pforzheim im Norden, die Reichsstädte Offenburg und Gengenbach am Portal des Kinzig- und Freiburg am Ausgang des Dreisamtals.

Freiburg beherrscht die wichtigen Straßen durch das Höllental und über die Wagensteige. Leinen, Wolltuche, Vieh und Getreide aus Schwaben müssen auf dem Weg nach Westen den Freiburger Markt passieren. Ungern gesehen ist da ein Schleichweg durch Breg- und Simonswäldertal nach Waldkirch, auf dem Waren an Freiburg vorbei zum Rhein gelangen. So sorgen Freiburg und Villingen im 14. Jahrhundert dafür, dass die Straße über den »Kilpen« für Kaufmannswaren gesperrt bleibt. Die Simonswälder bekommen handgreiflichen Ärger, als sie widerrechtlich den alten Saumpfad ausbauen, auf dem Furtwangens Uhrenhändler zum Rhein ziehen. Die verwaiste

Kilpenstraße ist heute ein idyllisches Wanderziel.

Im 19. Jahrhundert lechzt die Wirtschaft im Höhengebiet nach Handelswegen: Gütenbach begrüßt die Bauarbeiter mit Böllerschüssen, Todtnau errichtet ein Denkmal auf dem Notschreipass. Schon 1819 hallt der »Notschrei« aus dem oberen Wiesental durch den Karlsruher Landtag: Es geht um 18 Kilometer bis Oberried und zu der alten Straße, auf der im Mittelalter die Erztransporte aus dem Schauinsland nach Freiburg gerollt waren – aber dorthin gibt es nur einen steilen Saumpfad. Die einzige ausgebaute Straße nach Freiburg führt durch das Wiesental zum Hochrhein und verlängert jeden Transport auf das Dreifache. Erhört wird der »Notschrei« erst 1847: Bezirksförster Friedrich Julius Gerwig überzeugt die Regierung, dass der Wald am Notschrei so besser auszubeuten sei.

Der Schwarzwald macht es den den Straßenbauern nicht leicht. Im Wehratal reißt das erste Hochwasser die Trasse fort, im engen Murgtal braucht man viel Dynamit. Was einst mühsam in den Fels gesprengt wurde, ist heute zu eng, kurvenreich und steil und wird durch komfortable Neubauten ersetzt. Der »Tour-de-Murg«-Radwanderweg von Rastatt nach Freudenstadt verläuft teilweise auf der historischen Strecke. Die Murgtalstraße im Südschwarzwald, auf der Postkutschen und Kraftpost Mensch und Fracht hinauf nach Herrischried gebracht hatten, ist heute

Neben dem Freiburger Münster leuchtet die rote Fassade des Historischen Kaufhauses hervor. An diesem Platz stand schon im 14. Jahrhundert ein kommunales Kaufhaus für Warenumschlag und Zollabwicklung.

ein kleines »Freilichtmuseum der Verkehrsgeschichte«: Das holprige Sträßchen mit kleinen Felstunnels und den Resten einer Wagenfurt lädt zu Wanderungen und sogar Planwagentouren ein.

Eine beliebte Motorradstrecke ist die einst berüchtigte Oppenauer Steige aus dem Renchtal hinauf zur

»Zuflucht« und zum Kniebispass. Im Winter gilt aber noch immer: »Im Bereich Kniebis-Alexanderschanze sind Schneeketten erforderlich«. Die 960 Meter hohe Passhöhe auf dem historischen Handelsweg von Straßburg nach Augsburg ist der Schrecken der Fernfahrer auf den Bundesstraßen 28 und 500 nach Freudenstadt. Jahrhundertelang konnten auch Kaufleute und Pilger erst aufatmen, wenn sie das kleine Hospiz auf dem Kniebis erreicht hatten.

Der Kniebis markiert lange Zeit die Grenze zwischen feindseligen Nachbarn: Die Straßburger Bischöfe sichern ihre Ansprüche im Renchtal im 14. Jahrhundert mit dem befestigten Dorf Oppenau, Württemberg baut den Pass zum Bollwerk gegen Angriffe von Westen aus – gegen Straßburg, gegen Ludwig XIV. und gegen Napoleon. Im 2. Weltkrieg entsteht hier das »Führerhauptquartier Tannenberg« und die historische Alexanderschanze wird Teil des Westwalls.

Herzog Friedrich I. setzt auf die Kniebisstraße als Lebensader eines großwürttembergischen Reichs, die seine Stammlande mit dem Besitz im Oberelsass und Burgund verbindet. Im Zentrum des Bergbaureviers östlich des Kniebis soll 1599 seine neue Residenz entstehen: Ein mächtiges Schloss und eine Stadt für 3500 Einwohner, halb so groß wie Berlin. Baumeister Heinrich Schickhardt ist wenig angetan von dem Bauplatz mitten im Urwald: »Da hab ich ... wenig guots gefunden, dero wegen ich in underthonigkhait darfür gehalten,

Winterdienst made im Schwarzwald: Schneepflüge kommen aus Bräunlingen und St. Blasien, der Unimog wurde in Gaggenau erfunden.

Wie auf einem Mühlebrett hat Baumeister Heinrich Schickhardt 1599 die Stadt Freudenstadt angelegt. Deutschlands größter Marktplatz mit über 200 Metern Seitenlänge markiert das Areal, wo ein prachtvolles Schloss geplant war.

das nit Rhatsam ein Stat dahen zu bauwen.« Dennoch lassen Bergleute aus Thüringen und Sachsen, Siedler aus Württemberg und protestantische Glaubensflüchtlinge aus Österreich das junge Freudenstadt schnell auf 2000 Einwohner anwachsen. 1608 jedoch stirbt mit dem Herzog auch der Traum von der Schwarzwaldmetropole. Handel und Handwerk verdankt die Stadt ihr Überleben, als der Bergbau einbricht: Im 19. Jahrhundert ziehen endlose Fuhrwerkskolonnen mit Getreide sowie Schaf- und Rinderherden aus Württemberg gen Westen. Kleine Chemiefabriken in der Umgebung verwerten die Abfälle der Metzger – Horn, Klauen, Blut, Wolle, Federn und Häute: Die Aktie der »Chemischen Fabrik von Maerklin und Comp.« in Loßburg-Ödenwald von 1831 gilt als das älteste bekannte Wertpapier der Chemieindustrie. Die Fabrik produziert Salmiak aus Pferdeurin, Malerfarbe aus Knochenkohle, Blutlaugensalz, Phosphor, Glaubersalz, Ammonium sowie Knochengallerte, die gar als »wohlfeiles Nahrungsmittel für die Armen« gehandelt wird.

Durch die Eisenbahn wird Freudenstadt zum Verkehrsknotenpunkt und entwickelt sich gezielt zum Kurort.

Dampfross-Pioniere

Der Kampf gegen den »Bahnschatten«

Ein Mitglied der elsässischen Unternehmerdynastie Koechlin bringt das Großherzogtum Baden in Zugzwang: 1837 wird in Karlsuhe bekannt, dass Nicolas Koechlin eine Bahnlinie von Straßburg nach Basel plant. Baden muss sich sputen, will es eine Verlagerung der Verkehrsströme auf das linksrheinische Ufer verhindern. Bereits 1838 beginnt der Bau in Mannheim, 1843 fährt der erste Zug bis Karlsruhe, dann bis Rastatt, Baden-Oos und Offenburg, 1845 bis Freiburg und zehn Jahre später ist Basel erreicht. Die Hochrheinbahn führt weiter bis Waldshut, wo die Pforzheimer Firma Benckiser 1859 die erste Eisenbahnbrücke über den Rhein in die Schweiz baut.

Als erste Stadt abseits der Rheinstrecke bekommt Baden-Baden ei-

Dampfzugromantik im herbstlichen Albtal.

Bahnhof – Spielhölle – Opernhaus – das ist die ungewöhnliche Karriere von Baden-Badens Altem Bahnhof. Als die Bahnstrecke 1977 stillgelegt wird, ziehen im Fürstensaal die einarmigen Banditen ein. Heute dient der prunkvolle Neorenaissancebau dem Festpielhaus als stilvolles Foyer.

nen eigenen Anschluss: Schon 1845 bringt eine kurze Stichbahn Kurgäste aus aller Welt in die Sommerhauptstadt Europas.

Während die Wirtschaft im Rheintal über die Eisenbahn jubelt, geht im Schwarzwald die Angst vor dem »Bahnschatten« um. Kräftig Dampf machen die Wiesentäler Textilmagnaten, die mit den Koechlins ohnehin Eisenbahn- und Lokomotivenbauer in ihren Reihen haben: Ein privates Konsortium baut die Wiesentalbahn, 1862 zieht die Lokomotive »Hebel« den ersten Zug nach Schopfheim. 14 Jahre später erreicht man Zell, ab 1889 bringt die Todtnauer Schmalspurbahn Touristen in die Berge und holt Fluorit aus dem Bergwerk Finstergrund und Bettwäsche aus Schönau.

Ein Schwarzwaldtal nach dem anderen erkämpft sich seine Bahnlinie. Viele davon sind heute schon wieder Geschichte wie die Stichbahnen nach Badenweiler und Sulzburg oder der »Entenköpfer« nach Seelbach. An das 1967 stillgelegte »Todtnauerli« erinnert nur noch ein Radweg, an die Strecke nach **Bühlertal** eine Modelleisenbahn in der »Geiserschmiede«. Bei **Kandern** zankt man bis 1895 um Trassenführung und Finanzierung, heute ist das »Chanderli« eine beliebte Museumsbahn.

Waldkirch baut 1876 auf eigene Kosten den Anschluss ins Rheintal, die Staatsbahn verlängert die Strecke 1901 bis **Elzach**. Sie befördert Holz und Gutacher Nähseide und fährt heute ebenso wie die Münstertalbahn im Regio-Verkehrsverbund Freiburg.

Die Privatbahn der Renchthal-Eisenbahn-Gesellschaft macht Oppenau ab 1876 zur Drehscheibe für Mineralwasser und Kurgäste. 1933 baut die Reichsbahn weiter bis Bad Peterstal-Griesbach. Im Achertal keuchen Dampfloks seit 1898 nach **Ottenhöfen** – seit über 40 Jahren ziehen sie auch Museumszüge.

Auf gepachteten Strecken der Enz- und Murgtalbahn wie hier bei Langenbrand rollt die Karlsruher Albtalverkehrsgesellschaft bis Bad Wildbad, Freudenstadt und Eutingen im Gäu.

Die hartnäckigsten Dampfrosspioniere aber sitzen im Murgtal. Besorgt beobachten Holzhändler und Glasmacher die Pläne der württembergischen Konkurrenz für Enz- und Nagoldtalbahn. Ein »Eisenbahn-Comité« rund um die Gernsbacher Unternehmer Casimir Rudolf Katz und Gottlieb Klumpp sammelt in der Murgschifferschaft und den betroffenen Gemeinden das Startkapital. 1869 dampft der erste Zug bis Gernsbach und bringt die Gaggenauer Eisenwerke in Schwung. 1894 wächst die Strecke bis zu den Papierfabriken bei Weisenbach, später bis Forbach und Raumünzach, wo eine Feldbahn Menschen und Material zur Baustelle der Schwarzenbachtalsperre schafft.

Vor der Staatsgrenze ist Endstation: Württemberg hat kein Interesse an einer durchgehenden Verbindung, die Verkehrsströme aus dem Nordschwarzwald nach Karlsruhe abziehen könnte. Erst die Deutsche Reichsbahn schließt 1928 die Lücke.

Ab 1897 verkürzt eine Schmalspurbahn im Albtal nach Bad Herrenalb mit einem Seitenast nach Pforzheim die stundenlangen Wege der Berufspendler nach Karlsruhe, Ettlingen und in die Pforzheimer Schmuckfabriken. Sie bringt Erholungsuchende in die Natur und nach dem Krieg hungrige Städter zum Hamstern auf die Dörfer.

Die Pforzheimer Kleinbahn wird 1968 als unrentabel eingestellt. Um die heruntergewirtschaftete und sanierungsbedürftige Albtalbahn kümmert sich die Albtalverkehrsgesell-

1908 baut die Badische Staatseisenbahn den Viadukt über die Tennetschlucht bei Forbach. Im engen Murgtal brauchte man allein für die sechs Kilometer von Weisenbach bis Forbach sieben Tunnels und fünf Brücken.

schaft, eine Gründung der Städte Karlsruhe und Ettlingen und der Landkreise Karlsruhe und Calw. Auf der modernisierten Strecke rollen heute die Stadtbahnen der AVG, die mit neuartigen Fahrzeugen ein weltweit beachtetes Modell kreiert: Die Züge schalten je nach Bedarf von Gleich- auf Wechselstrom um und befördern ihre Fahrgäste ohne Umsteigen auf Bundesbahnstrecken und innerstädtischen Straßenbahnnetzen. 2008 fahren über 170 Millionen Menschen zwischen Heilbronn und Offenburg, Freudenstadt und der Südpfalz auf den Strecken des Verkehrsverbunds. Die Sektion **Ettlingen** der Ulmer Eisenbahnfreunde e.V. dampft mit historischen Zügen durch Alb- und Murgtal.

Modelleisenbahn im Maßstab 1:1

Große Pläne wälzen Badens Eisenbahnbauer für das Wutachtal, aber schon auf halber Strecke zwischen Waldshut und Donaueschingen müssen sie 1876 vor den geologischen Bedingungen kapitulieren, in Stühlingen-Weizen ist Endstation.

Doch das Militär interessiert sich für die Strecke: Weil die Hochrheinbahn bei Basel und Schaffhausen über Schweizer Hoheitsgebiet führt, sind Truppentransporte an die Westfront dort ausgeschlossen. Also umgeht man Basel mit der Wehratalbahn von Bad Säckingen nach Schopfheim und Schaffhausen mit der Verlängerung der Wutachtalbahn. Baden bekommt die strategischen Strecken fast geschenkt: Das Reich trägt die Kosten, als der preußische Generalstab 1890 mit exorbitantem Aufwand alle geologischen Hürden überwindet.

Zwischen Stühlingen und **Blumberg** bauen 3700 Arbeiter eine der abenteuerlichsten Bahnlinien Deutschlands: Damit auch schwerstes Geschütz verkehren kann, darf sie nicht mehr als 1 Prozent Steigung haben und muss dafür künstlich auf mehr als das Doppelte verlängert werden. Es entsteht eine gigantische Modelleisenbahn im Maßstab 1:1. Der »Kreiskehrtunnel« bei Fützen, in dem sich die Züge in die Höhe schrauben, gibt ihr den Namen »Sauschwänzlebahn«.

Weil die Weltkriege anders verlaufen als von den Strategen geplant, kommen die Kanonenbahnen im Südschwarzwald kaum zum Zug. In Friedenszeiten sind sie unrentabel und werden stillgelegt. Nach der Kuba-Krise saniert die NATO die Sauschwänzlebahn, auf der seit 1977 Museumszüge rollen. Sie locken Millionen von Eisenbahnfans aus aller Welt an und fahren sogar kostendeckend.

Badisch-schwäbischer Lückenschluss

Nach der Rheintalstrecke nehmen Badens rastlose Eisenbahnbauer ihre West-Ost-Verbindungen in Angriff – am Hochrhein bis Konstanz, im Norden nach Pforzheim und Mühlacker.

1863 wagt man sich daran, den Schwarzwald zu durchqueren wie einst die Römer: Durch das Kinzigtal, wo französische Unternehmer 40 Jahre zuvor sogar einen Kanal zur Donau geplant hatten. Aber der Bau der Schwarzwaldbahn wird schon schwierig genug.

An Donau, Brigach und Kinzig geht es rasch voran, schon nach drei Jahren versorgt die Bahn über **Gengenbach** das Eisenwerk in Hausach. Aber das Mittelstück über Hornberg und Triberg wird ein Kraftakt. Die einfachere Trasse über Schramberg kommt nicht in Frage, weil dort württembergisches Territorium ist. Von Hornberg bis St. Georgen sind es zwar nur elf Kilometer Luftlinie, aber um die 450 Meter Höhenunterschied zu bewältigen, muss die Bahnstrecke mehr als doppelt so lang werden. Deshalb kurvt sie bei Triberg in einer riesigen Schleife bis ins benachbarte Gremmelsbachtal. Meist ist für solche Schleifen kein Platz und so verläuft fast ein Drittel der Strecke in 36 Tunnels. Ein Modell dieses Wunderwerks in Baugröße H0 ist in **Hausach** zu bewundern.

Links: 1300 Meter sind die Gleise der Schwarzwaldbahn in Hausach lang. Mit Hilfe von Fotos und Bauplänen ist die größte Modellanlage Europas nach realem Vorbild entstanden. Rechts: Das 1910 gebaute Orchestrion der Firma Blessing im Triberger Schwarzwaldmuseum zeigt das Panorama von Hornberg mit dem historischen Viadukt der Schwarzwaldbahn. Auch das Luxushotel auf dem Schlossberg verdankt seinen Aufstieg der Bahnlinie.

Die Schwarzwaldbahn wird zum Wahrzeichen vieler Städte und zur Drehscheibe der Uhrenindustrie: Als Württemberg die Strecke von Villingen nach Rottweil baut, sorgt der Schwenninger Uhrenfabrikant und Abgeordnete Johannes Bürk für einen kleinen Umweg über seine Heimatstadt. Badens Uhrmacher in Furtwangen, Vöhrenbach und Schönenbach bekommen 1893 die Bregtalbahn. 70 Jahre später wird sie als unrentabel eingestellt.

2009 feiert in **Triberg** »Gerwig – das Musical der Schwarzwaldbahn« Weltpremiere, gewidmet dem Vater der Schwarzwaldbahn, Oberbaurat Robert Gerwig, dem vormaligen Chef der Furtwanger Uhrmacherschule. Während an der Schwarzwaldbahn noch gebaut wird, plant er schon die Schweizer Gotthardbahn.

Sein letztes Werk ist die Höllentalbahn von Freiburg nach Donaueschingen, Deutschlands höchste Bahnstrecke und eine der steilsten – auf zwölf Kilometern überwindet sie zwischen Hirschsprung und Hinterzarten fast 400 Höhenmeter. Nach der spektakulären Fahrt durch das enge Höllental genießt man die Ankunft am Titisee um so mehr. Von hier führt die »Dreiseenbahn« auf über 900 Metern Höhe vorbei am Windgfällweiher zum Schluchsee nach Seebrugg – bis 2002 Endpunkt

Links: Bahnstation unterm Walmdach. 957 Meter über dem Meer liegt der Bahnhof Altglashütten-Falkau an der »Dreiseenbahn«. Er sieht verlassen aus, aber immerhin halten dort noch Züge. Rechts: Ein wahrer Eisenbahnfan in Nagold!

des InterRegio »Höllental« von Norddeich-Mole. Heute fährt hier die Regionalbahn und eine Bürgerinitiative will 2011 eine Museumsbahn einrichten. Von der »Bonndorferbahn«, die bis 1976 Touristen und Holzfuhren von Bonndorf über Lenzkirch zur Höllentalbahn befördert hat, ist nur der »Bähnle-Radweg« geblieben, für den der alte Klausenbach-Viadukt liebevoll restauriert wurde.

Der württembergische Schwarzwald bleibt lange im Bahnschatten – das Königreich erschließt erst die wichtigen Wirtschaftsräume im Norden und Osten.

Einzig Wildbad als Kurort der Könige genießt Priorität. Weil die Enztalbahn vorerst nur über das badische **Pforzheim** erreichbar ist, wird dort ein separater württembergischer Bahnhof gebaut. Ab 1868 bringen Salonwagen betuchte Kurgäste und gekrönte Häupter nach Wildbad, Güterzüge holen Holz aus Württembergs größtem Sägewerk Krauth & Co. bei Neuenbürg. Mit dem Rückgang des Bäderverkehrs 100 Jahre später steht die Strecke vor dem Aus, ihre Rettung ist die Albtal-Verkehrs-Gesellschaft.

1872 geht die Württembergische Schwarzwaldbahn zwischen Stuttgart und **Calw** in Betrieb. Riesige Kehrschleifen entschärfen das letzte Steilstück: In der Hirsauer Schleife mit ihrem 64 Meter hohen Bahndamm zieht die Strecke in ein Seitental und durch einen Tunnel wieder zurück ins Nagoldtal.

Dort fährt 1874 der erste Zug von Pforzheim bis Horb. Das historische

»Stellwerk 1« erinnert an Calws Zeit als Eisenbahnknoten, den König und Adel auf dem Weg ins Wildbad passieren. Der Weg ist zwar weiter als über Pforzheim, dafür fährt man (fast) nur auf württembergischem Gebiet. Vom »Altensteigerle«, das ab 1891 Langholzfuhren nach **Nagold** schafft, zeugt heute nur noch ein Radweg und auch zwischen Calw und Weil der Stadt fahren seit Jahrzehnten keine Züge mehr. Der Landkreis Calw hat die denkmalgeschützte Trasse gekauft und will sie reaktivieren.

Sogar der Orient-Express rollt über die wichtige Ost-West-Verbindung, die in einem seltenen Moment badisch-württembergischer Zusammenarbeit entsteht: 1879 eröffnet Württemberg die Gäubahn von Stuttgart nach Freudenstadt und verlängert sie ins Kinzigtal bis Schiltach, Baden schließt die Lücke zur Schwarzwaldbahn bei Hausach. 1892 kommt eine Strecke nach Schramberg dazu, die mit dem Niedergang der Uhrenfabrik 100 Jahre später stillgelegt wird.

Von der Gäubahn sind es zwar nur noch fünf Kilometer zu den Königlichen Hüttenwerken in Christophstal und Friedrichstal. Aber auf der Passhöhe dazwischen thront Freudenstadt, das die Ingenieure am liebsten untertunneln würden. Die Stadt jedoch erkämpft sich einen Bahnhof im Zentrum. Dadurch wird die Strecke nach Baiersbronn so steil, dass man eine Zahnradbahn braucht, und so wird sie auch erst 1901 fertig. Bis zum Lückenschluss mit der badischen Murgtalbahn vergeht danach noch ein Vierteljahrhundert.

1875 wurde der Kübelbachviadukt bei Dornstetten-Aach für die Gäubahn gebaut. Sein filigranes Fachwerk aus Stahl trug einst auch den Orientexpress, heute rollt die Stadtbahn von hier in zwei Stunden zum Karlsruher Marktplatz.

Der Wasserschatz

Baden in Baden

Aquae Aureliae nennen die Römer die Stadt Baden-Baden, deren Wasser selbst für ihre hohen Ansprüche etwas Besonderes ist: Mit bis zu 68 Grad Celsius gehören **Baden-Badens** Thermalquellen am Fuß des Florentinerbergs zu den heißesten in Mitteleuropa. Neben den Soldatenbädern seiner Legionäre soll Caracalla im luxuriösen Kaiserbad sein Rheuma kuriert haben, 1200 Jahre nach dem Imperator gibt sich Kaiser Friedrich III. die Ehre.

Zu Füßen des Neuen Schlosses entspringen Baden-Badens heiße Quellen. Zwischen Stiftskirche und Spitalkirche prägen der Neorenaissancebau des Friedrichsbads und die modernen Rotunden der Caracalla-Therme das Luftbild des Bäderviertels.

Die Stadt Baden hat schon im Mittelalter Stammgäste bis aus Straßburg und Anfang des 16. Jahrhunderts beherbergen zwölf Badehäuser jährlich rund 3000 Menschen – keineswegs nur Adel und Großbürger: Jahrhundertelang sind »Armenbäder« feste Einrichtungen in den meisten Kurorten. Erfolgreich beschweren sich Badens Einwohner 1488 beim Markgrafen, weil der Bader von den Armen Geld für die Benutzung des Freibads nimmt. Das Armenbad wird 400 Jahre lang aus denselben Quellen gespeist wie die Luxusherbergen nebenan und in der Walpurgis- oder der Johannisnacht suchen Reisende vergeblich Quartier in der Stadt: Da sitzen die Schwarzwaldbauern rund um die Uhr im Bade, Wanne an Wanne mit dem Weinglas in der Hand, in Baden wie auch in Glotterbad oder Bollschweil-Kuckucksbad. Denn ein Dauerbad in dieser Nacht hält das ganze Jahr gesund und Wein dient der »Erneuerung des Geblüts«.

Badens Herrlichkeit endet brutal, als französische Truppen die Stadt 1689 systematisch zerstören und der Markgraf seine Residenz nach Rastatt verlegt. Eine Glücksspielkonzession gibt wieder Auftrieb, vor allem aber der Rastatter Friedenskongress 1797: Er bringt zwar keinen Frieden, dafür entdecken Europas Diplomaten Badens Thermen und die frische Schwarzwaldluft – die Rheinebene ist im Sommer eine schwüle Malariabrutstätte. Baden wird »Sommerresidenz Europas« und des Karlsruher Hofs. Die Lichtentaler Allee, Kurhaus, Trinkhalle und Kolonnaden entstehen, Theater, Glücksspiel und Pferderennen versüßen die Badekur.

Ein Stück Baden-Badener Geschichte: Brenners Park-Hotel. Maharadschas und Könige sind hier abgestiegen, Henry Ford und Walt Disney.

In der Krise nach dem Krieg von 1870/71 ersteigert der Pforzheimer Hofschneider Anton Brenner das renommierte »Stephanienbad« an der Lichtentaler Allee. Als Baden-Baden 60 Jahre später festes Ziel im Liniennetz der Lufthansa ist, hat Brenners Park-Hotel 400 Betten und 500 Angestellte. Ein Stammgast ist auch der Nobelpreisträger Gerhart Hauptmann. Er stößt ein Projekt an, das aber erst 1998 verwirklicht wird: Den Bau von Deutschlands größtem Festspielhaus.

In **Badenweiler** erinnert im Mittelalter nur noch das heidnische Bad an die Pracht der verschütteten Rö-

Badenweilers 1784 wieder entdecktes Römerbad im Kurpark gilt als das besterhaltene diesseits der Alpen. Hölzerne Leitungen und Bleirohre mit 140 Meter langen mannshohen Drainagekanälen, die noch heute begehbar sind, leiten das Thermalwasser in vier große Bassins, umgeben von Kaltwasserbecken, Schwitz-, Ankleide- und Ruheräumen.

merbäder. Vom 17. Jahrhundert an überzieht ein halbes Dutzend Kriege das Markgräflerland, die ständig wechselnden Besatzer interessieren sich wenig für Badekultur. Kurgäste müssen eigene Möbel und Betten mitbringen, heißt es, als 1746 unter Markgraf Karl Friedrich endlich bessere Zeiten kommen.

Er lässt den Kurpark anlegen und erkennt die Bedeutung der römischen Badruine, die Bauarbeiter 1784 in einem Steinbruch entdecken. Sie wird das Herz des Kurparks, den Schwetzingens Gartendirektor Johann Michael Zeyher und seine Nachfolger im 19. Jahrhundert weiter ausbauen.

Dennoch erntet Badenweiler in einem Kurführer der 1860er-Jahre verheerende Kritik: Unhygienisch seien die »Cabinets«, würden »jeden Comfort entbehren und vermöge ihrer Einrichtung den Kurgast der Erkältung sogar exponiren. Jedes der Bäder im nahen Renchtal bietet mehr.«

Aber Badenweiler rüstet auf: 1875 wird das spätere Markgrafenbad für ein Publikum »von Reichtum und Distinction« eingeweiht. Das 1824 eröffnete »Grandhotel Römerbad« wird zu einem wahren Palast umgebaut. 2010 muss das denkmalgeschützte Ensemble mit dem achteckigen Hofsaal erneut mit Millionenaufwand modernisiert werden – allein 400 Fenster aus vier Epochen sind originalgetreu zu renovieren.

Die »Kniebisbäder«

Heilkundige Benediktiner haben eine Nase für wundertätige Mineralquellen: An der Stelle, wo der Legende nach heilende Quellen aus dem Blut des Märtyrers Landelin entspringen, gründen die geschäftstüchtigen Mönche im 8. Jahrhundert Kloster Ettenheimmünster und das St. Landolins Bad für Arm und Reich. Schon damals tun die Heilquellen auch dem Geldbeutel von Wirt und Fuhrmann, Handwerker und Händler, Bauer und Winzer gut. Gäste kuren in Bad Ettenheimmünster noch lange nach dem Abriss des Klosters, und die Landelinsquelle ist bis heute Ziel einer Wallfahrt.

Mönche sollen im 13. Jahrhundert auch den »Wasserschatz« im Renchtal entdeckt haben, den der Leibarzt des Fürstbischofs von Speyer 1584 in einem viel zitierten Bäderführer rühmt. Die Expertise des renommierten Mediziners ist Gold wert im Kampf um den Gast. Während im »Fressbädle« Sulzbach die einfachen Leute baden und tafeln, fährt die Postkutsche schon im 17. Jahrhundert dreimal wöchentlich von Straßburg in die »Kniebisbäder«: Freiersbach ist berühmt für seine Schwefelquelle, das abgelegene Antogast ein Geheimtipp des Hochadels. Antogasts Kurhaus ist heute das Hauptquartier der Gesellschaft Kunst des Lebens mit Ayurveda-Zentrum, Meditationshalle und einem 350-Betten-Kurhotel. **Bad Peterstal-Griesbach** konkurriert im 19. Jahrhundert mit Baden-Baden, hier unterzeichnet Großherzog Karl 1818 die badische Verfassung. Unweit der Stelle, wo Reichsfinanzminister Matthias Erzberger 1921 ermordet wurde, geht heute Polit- und Showprominenz beim Senkrechtstarter der Schwarzwaldhotellerie ein und aus: Während seine Eltern in den 60er-Jahren mit einem Ausflugslokal an der Kniebisstraße ein Zubrot verdienen, lernt Meinrad Schmiederer das Metier in Baiersbronn und auf der Bühlerhöhe. 30 Jahre später ist der Dollenberg eines der Tophotels in Deutschland und über seiner Küche funkeln zwei Michelin-Sterne.

Mit Millionenaufwand hat ein Investor Bad Peterstals denkmalgeschütztes »Schlüsselbad« in eine moderne Fachklinik umgewandelt. Die Herberge »Zum Schlüssel« stammt aus dem 17. Jahrhundert. Als der Wirt 1895 eigene Mineralquellen entdeckt, lässt er das luxuriöse Kurhotel errichten.

Glaubt man dem spöttischen Dichter Joseph Victor von Scheffel, so hat ein sauertöpfischer Mönch Bad Rippoldsaus Quellen entdeckt: »Ein mächtiger Wasserstrahl mit Gebraus warf jählings Herrn Rippold zum Grabe hinaus ...« und vom heilkräftigen Wasser belebt, hängt Herr Rippold die Kutte an den Nagel und wird Badwirt. Gengenbachs geschäftstüchtiger Abt kauft dem Fürsten von Fürstenberg 1670 das Bad ab, lässt sogleich ein Hotel bauen und die Straße nach Wolfach ausbessern.

Ein folgenschweres Malheur allerdings verursacht der fürstliche Bergbau: Die Quelle unter der Kurbadküche versiegt, Durchlaucht muss die wertlos gewordene Immobilie zurücknehmen. Doch der Wasserschatz am Kniebis ist unerschöpflich, immer wieder werden neue Quellen entdeckt. Sie füllen Badezuber und Trinkflaschen und ihr Salz bringt als Rippoldsauer Pastillen die Verdauung in Schwung.

Mehrere Generation der Familie Goeringer machen Rippoldsau im 18. Jahrhundert zum Modebad mit Wasser-, Gas-, Fichtennadel- und Moorbädern, »Ziegenmolkenanstalt«, sowie Post und Telegraf, damit die Gäste nicht ganz von der Außenwelt abgeschnitten sind. So mondän wie in Baden-Baden ist die Rippoldsauer Gesellschaft nicht: »Der Abbé aus Straßburg, der Kaufmann aus Hasle oder Wolfe, der österreichische Baron und Offizier aus Freiburg, die großen Buren aus dem Seebach und Kaltbrunn und die Hofräte von Donaueschingen verkehrten miteinander wie unter ihresgleichen. Und wenn der Fürst von Fürstenberg kam, änderte dies nichts an der Gemütlichkeit und an dem freien Verkehr«, schwärmt Pfarrer Heinrich Hansjakob.

Schwarzwald in Flaschen

»Es hat gesunde Leut herumb, so sehr alt werden, daß sie 105 und 110 Jahr erreychen, so man dem Wasser, das sie trinken, zuschreibet,« staunt Matthäus Merian 1644 nach einem Besuch im Renchtal und auch Grimmelshausens Simplicissimus stimmt ein Hoch auf die »allzeit löblichen Sauerbrunnen« an. Schon zu ihrer Zeit reist das Wasser der Kniebisquellen auf Eseln und Karren bis in die Weinkeller in Straßburg und Freiburg. Als 1668 die Postlinie nach Straßburg eingerichtet wird, bangen die »Sauerwasserkärcher« um ihre Existenz, aber noch 150 Jahre später klagen Reisende, dass Sauerwasserkarren die Straße verstopfen. Schon 1838 verschickt Peterstal 300 000, Rippoldsau gar eine halbe Million Krüge Mineralwasser bis Holland, Paris und Wien. In einer Zeitungsanzeige warnt der Badbetreiber vor Markenpiraten: Echt sei nur Rippoldsauer Wasser mit dem Siegel auf der Unterseite des Pfropfens.

Schwarzwald in Flaschen kommt auch aus Bad Dürrheim, Bad Teinach und Schliengen, aber der der Weg zum anerkannten Mineralwasser ist lang

Links: Wo heute die moderne Abfüllanlage der Freyersbacher Schwarzwaldquelle arbeitet, hat Bauer Johann Börsig 1838 zufällig einen Sauerbrunnen aufgegraben. Sein Mineralwasser hat er damals noch in Tonkrüge gefüllt. Rechts: Ein waidwunder Hirsch soll die Heilkraft des Teinacher Wassers entdeckt haben. Bad Teinachs 14 Quellen füllen stündlich über 80 000 Flaschen mit Mineralwasser.

und steinig: 2007 erbohrt Hüfingen eine starke Quelle, doch drei Jahre später warten die Investoren noch immer auf das Ergebnis der vielen Tests und Genehmigungsverfahren.

Im »Wildbad« an Enz und Nagold

Ein heimtückischer Überfall auf Württembergs Grafen Eberhard II. »im Wildbad« und seine Rettung auf Burg Zavelstein bei Teinach bringt im 14. Jahrhundert die Karriere der beiden Badeorte in Gang: Der Graf lässt sie befestigen und fürstlich ausbauen.

Wenn der Landesherr mit 300-köpfigem Gefolge in seiner Sommerresidenz in Teinach weilt, amüsiert sich der Hofstaat in Opernhaus und Reitbahn. Doch das Vergnügen im Kurbad ist umstritten: So herrscht rund um Wildbads königliches Palais ein strenges Regiment: »Wer den Tumult der Menge liebt, ... der bleibe doch, um Gottes willen fern von dieser, dem Kranken geweihten, Stätte ...« wettert der Badearzt und Dichter Julius Kerner 1811.

»Das hier ist nur ein Bad für die Kranken, es gibt sonst keinerlei Zerstreuung«, klagt die britische Lady Ann Vasavour 1840 in ihren Reiseerinnerungen. Bald kommt Zerstreuung genug: Der Zar trifft ein und nach ihm Spaniens schwer kranker Ex-König Josef Bonaparte, das Sorgenkind der Kurärzte: Er »ist sehr wichtig für Wildbads Ruf: Wird er gesund oder nicht?« notiert die Lady. Protokollarisches Ungemach droht, als auch Württembergs König anreist: Er muss im »Bellevue« absteigen, weil sein Palais gerade umgebaut wird und im »Bären« bereits Bonaparte logiert.

Hinter der klassizistischen Fassade von Bad Wildbads »Palais Thermal« verbergen sich Jugendstildekor und Maurische Halle.

In dieser Zeit beginnt der Ausbau der Stadt zum Staatsbad mit dem »Königlichen Badhotel«, dem monumentalen König-Karls-Bad und dem Graf-Eberhard-Bad, das heute als »Palais Thermal« eine Hauptattraktion der Stadt ist.

Weiteren Aufschwung bringt die Bahn – erst an die Enz, 1874 auch ins Nagoldtal und das lange vernachlässigte Liebenzell. 1860 freut man sich dort noch über bescheidene 240 Badegäste und der Adlerwirt verköstigt in erster Linie Kutscher von Holzfuhrwerken. Wenige Jahre später baut er einen Theatersaal für die Kurgäste. Zugleich erbohrt die Stadt, deren Heilwasser schon der legendäre Arzt Paracelsus im 16. Jahrhundert hoch gelobt hatte, erstklassige neue Quellen.

Heilwasser aus »Hirschquelle« und »Paracelsus-Quelle« stärkt Teinach und Liebenzell, als das Kurgeschäft im Schwarzwald kränkelt. Die Bäderkrise gefährdet Ende des 20. Jahrhunderts sogar die Enztalbahn nach Wildbad und prägt auch Wildbads Kurviertel: Das Traditionshotel Quellenhof, das einstige »Bellevue«, wird zum Reha-Zentrum. Wildbads Flaggschiff, das Badhotel, steht jahrelang leer. Der österreichische Hotelier Sacher erwirbt es, spendiert großzügig Nordic-Walking-Stöcke für die Kurgäste der Stadt, den Kaufpreis für das Hotel bleibt er aber schuldig. Erst 2009 ist Wiedereröffnung unter Leitung der Wildbader Familie Mokni, die schon den alten »Bären« auf Trab gebracht hat.

Über den Dächern von Bad Herrenalb thronen Rulands Thermenhotel und die Fachklinik Falkenburg. Ihre Bergbahn verbindet sie mit der Endstation der Albtalbahn.

Sprudelnde Überraschungen

Wenn ein Dorf »Eisenbach« heißt, liegt der Verdacht nahe, dass es mit seinem Wasser eine besondere Bewandtnis haben muss. Aber der Schwarzwaldboden ist immer auch für Überraschungen gut: Bei Berghaupten im Kinzigtal sucht man im 18. Jahrhundert Mineralwasser und findet Kohle, im Nachbarort Ohlsbach statt der begehrten Kohle eine Salz- und bei Bad Rotenfels im Murgtal eine Thermalquelle. Warmes Wasser sprudelt im 20. Jahrhundert auch aus Ölbohrlöchern bei Krozingen und dem Winzerdorf Bellingen. **Bad Bellingens** erste Badegäste sitzen noch in hölzernen Weinzubern, die heute der Stolz des Oberrheinischen Bädermuseums sind.

Das Salz, das der Urozean hinterlassen hat, macht Sulz schon im ersten Jahrtausend berühmt für seinen Salzbrunnen. 1822 erbohren Schwenningen und Dürrheim Steinsalz, zwei Jahre später Rottweil. Die Salzgewinnung ist längst Vergangenheit, an **Rottweils** Saline erinnert nur noch das Museum im »Unteren Bohrhaus«. **Bad Dürrheim** aber steigt durch die Sole seiner Salzstöcke zum Kurort auf: 1851 eröffnet Großherzogin Luise von Baden das erste Solebad.

So unverhofft, wie sie erscheint, versiegt auch manche Mineralquelle: Verschollen ist die Quelle, die das heutige Karlsbad im 18. Jahrhundert zum Fürstenbad machte. Das Albtal und die Höhen zwischen Karlsruhe und Pforzheim werden aber auch ohne Heilquellen zum beliebten Ausflugsziel. Erholung suchende Städter schwärmen von Wald, Wasser, romantischen Klosterruinen – und von Dr. Weiss' »Kaltwasserheilanstalt«: Lang vor Sebastian Kneipp erprobt er im Albtal neuartige Heilmethoden mit kaltem Wasser, Diät und Bewegung in frischer Luft. Bald hat Herrenalb über 6000 Kurgäste und im 20. Jahrhundert erbohrt moderne Technik dann doch noch Mineralquellen in **Bad Herrenalb** und Waldbronn.

Der Gast: Arbeitgeber Nr. 1

Gastlichkeit hat Geschichte im Schwarzwald: Eines der ältesten Gasthäuser in Gernsbach, der Stern & Hirsch, steht genau an der Stadtbrücke, wo die wichtige Straße von Baden-Baden ins Murgtal mündet. Dort ist auch die Brückenmühle und der Stadtknecht rief hier seine Bekanntmachungen aus.

Deutschlands Genießerecke

Fast 400 Restaurants zwischen Pforzheim und Lörrach schmücken sich mit Sternen, Diamanten, Hauben und Kochlöffeln der Gourmetführer. Als Michelin 1966 die ersten deutschen Sterne vergibt, leuchtet jeder sechste davon über dem badischen Schwarzwald von Bad Herrenalb bis Freiburg und Lörrach, über den historischen Badeorten Badenweiler, Glottertal und Baden-Baden, aber auch über einer ehemaligen Dorfwirtschaft wie dem »Adler« in Häusern bei St. Blasien. Der 150 Jahre alte Familienbetrieb verteidigt seinen Stern als einziges Haus in Deutschland seither ununterbrochen, mittlerweile in der zweiten Generation. Neben den Stars der Branche findet man im Gourmetführer Gault Millau 2010 auch historische Bauerngasthöfe wie den »Schwanen« in Bernau. Manche sind aus Höfen oder Mühlen entstanden, die in den mittelalterlichen Dörfern als Rathaus und Gemeindesaal gedient haben.

Auf Gastlichkeit eingestellt sind auch die mittelalterlichen Klöster. Pil-

In über 1000 Metern Höhe steht bei Vöhrenbach die »Kalte Herberge«. Seinen Namen verdankt das 500 Jahre alte Wirtshaus aber nicht einem erfrorenen Gast, sondern den sicheren Kellergewölben, wo in Kriegszeiten Hab und Gut versteckt – »verkaltet« – wurden.

ger gehören zu den ersten Touristen im Schwarzwald. Wirte, Handwerker und Lieferanten verdienen an der Frömmigkeit, Souvenirs und Devotionalien finden reißenden Absatz. Im 18. Jahrhundert besuchen bis zu 25 000 Pilger jährlich die Wallfahrtskirche auf dem Schönbühl in Todtmoos und die Wallfahrt zur »schmerzhaften Gottesmutter« in Rippoldsau ist so bedeutend, dass der Papst eigens für sie eine Ablassbulle erlässt. St. Märgens Pilgerheim steigt im 19. Jahrhundert zum Ausflugsziel betuchter Freiburger und zum Grand Hotel »Goldene Krone« auf, Hirsaus historische Klosterschänke ist heute das »Kurhotel« und Bad Herrenalbs Klosterherberge genießt in den 80er-Jahren als »Mönchs Posthotel« legendären Ruf. Seit dem mysteriösen Tod von Hubert Mönch Ende 2002 steht es jedoch leer.

Obwohl der Schwarzwald erst spät besiedelt wurde, fühlen sich gleich zwei seiner Gasthäuser als das älteste in Deutschland. Aus Freiburgs Gründungszeit im 12. Jahrhundert stammt der »Rote Bär«, dessen leuchtend rote Fassade Reisenden Unterkunft und Sicherheit für sich und ihre Ware si-

Elf Generationen Morloks haben auf dem Morlokhof in Baiersbronn-Mitteltal gelebt. Nach dem Tod des letzten Morloks 1945 ist der Hof verwaist, bis ihn Hotelier Bareiss unter den strengen Augen des Denkmalschutzes saniert und als Filiale seines Hotels ausbaut.

gnalisierte. Seelbachs »Löwe« zu Füßen der Burgruine Hohengeroldseck ist im Mittelalter eine »Fernfahrerkneipe« an der Passstraße, auf der die Herren von Geroldseck die Ausbeute ihrer Silbergruben im Kinzigtal nach Lahr transportieren.

Gastlichkeit hat Tradition, wo Reisende auf sturmgepeitschten Pässen »Zuflucht« suchen: So heißt ein Ort am Kniebis, wo der Herbergswirt einst Verirrte im Schneesturm gerettet hat. Vor Steilstrecken entstehen Service- und Mautstationen: Das Wirtshaus »Rössle« hält Extra-Zugtiere bereit – in Schiltach ebenso wie in Hinterzarten oder dem Todtmooser Ortsteil Strick – denn auch Stricke brauchen Fuhrleute.

Wo heute die B 31 verläuft, führt im Mittelalter ein wichtiger Handelsweg von Donaueschingen nach Freiburg, im 18. Jahrhundert verkehrt hier die Postkutsche Wien – Paris. Der Schrecken der Reisenden ist die 600 Meter tiefe Schlucht, die nicht umsonst »Höllental« heißt. Wagner, Schmiede, Seiler und Sattler machen an ihrem Eingang Ross und Fuhrwerk fit, hier nächtigt die Kaisertochter Marie Antoinette auf dem Hochzeitszug nach Paris mit 50 Karossen und 400 Pferden, in Hinterzartens Bauernwirtschaften treffen sich Glas- und Uhrenträger. So sind die Wirte gerüstet, als die Höllentalbahn 1887 Sommerfrischler und bald auch erste Brettlfans bringt. Hinterzarten wird zum Star unter den Luftkurorten: »Tanne« und »Adler« schmücken sich 1966 mit den ersten deutschen Michelinsternen und 2001 verzeichnet die 2600-Einwohner-Gemeinde mehr als 700 000 Übernachtungen.

Deutschlands Gourmetmekka ist in den letzten Jahrzehnten in einer Region aufgeblüht, wo im 19. Jahrhundert von Heilklima und edler Küche noch keine Rede ist: In den Tälern rund um Baiersbronn qualmen Eisenwerke und Glashütten, auf den Höhen die dazugehörigen Kohlenmeiler, und in der Besenwirtschaft »Traube« im Tonbachtal schenken Generationen von Finkbeiners Köhlern und Holzfällern Most, Bier und Selbstgebrannten aus. Langsam bringt die Eisenbahn den Tourismus ins Rollen. 1906 wird in Baiersbronn Schwabens erster Skiverein gegründet, 1920 vermietet die »Traube« ihr erstes Fremdenzimmer und 1951 eröffnet die Kriegerwitwe Hermine Bareiss eine kleine Pension in Mitteltal. 2009 hat Baiersbronn immer noch sechs Sägewerke, aber ebenso viele Michelin-Sterne funkeln über den Gourmetköchen von »Traube« und »Bareiss«, Harald Wohlfahrt und Claus-Peter Lumpp, ein siebter über Jörg Sackmann im Schwarzenberger »Schlossberg«. Die Luxushotels und ihre Sterneküchen locken zahlungskräftige Gäste an, gehören zu den größten Arbeitgebern am Ort, sorgen für Millionenumsatz im Handwerk und kaufen den Bauern ihre Hinterwälder Rinder ab.

Der Berg ruft

Als Deutschlands Romantiker das Naturerlebnis in der Gebirgslandschaft entdecken, putzen sich karge Höhen und abgelegene Täler eilends für sie heraus: Triberg erschließt 1805 seine Wasserfälle mit gesicherten Wegen, die Lierbach-Fälle mit den Ruinen des Klosters Allerheiligen bei Oppenau

Seit 1884 liefern die Wasserfälle Strom für Triberg und locken jedes Jahr Hunderttausende von Besuchern in die Stadt.

Oben: Panorama mit 170 Alpengipfeln! Schon 1859 wird der erste Aussichtsturm auf dem 1493 Meter hohen Feldberg gebaut. Der »Feldberger Hof« wird zur Wiege des deutschen Skisports. Unten: Lang vor dem Bau der Schwarzwaldhochstraße erobern Skiwanderer die verschneiten Höhen, bald darauf gibt es am Ruhestein Skirennen und eine Sprungschanze. Ein ausgedienter Panzermotor treibt 1950 den ersten Lift bei Unterstmatt an.

erscheinen 1853 im Baedeker. Nach dem Bau des ersten Aussichtsturms auf dem höchsten Schwarzwaldgipfel gründen Menzenschwander Bürger 1863 eine Aktiengesellschaft zum Bau des »Feldberger Hofs. Mutige Wirte erobern auch den Belchen, auf dem Notschreipass bei Todtnau entsteht ein Kurhotel nach dem Vorbild Schweizer Bergpass-Hotels.

Ab dem Jahr 1864 veröffentlicht der Schwarzwaldverein in Freiburg Wanderkarten und Reisebeschreibungen, errichtet Wanderheime und Aussichtstürme und baut das Wegenetz aus: 1900 den Westweg von Pforzheim nach Basel als Deutschlands erste Fernwanderroute, danach Ost- und Mittelweg von Pforzheim nach Schaffhausen und Waldshut. Heute betreut der Verein über 24 000 Kilometer markierte Wanderwege.

Auch exklusive Badeorte rüsten auf für Gipfelstürmer: Bad Wildbad eröffnet 1908 die Sommerberg-, Baden-Baden wenig später die Merkurbahn. Eine Sensation wird 1930 die Schauinslandbahn, die jährlich fast eine Viertelmillion Menschen von Freiburg auf den Gipfel bringt.

Selbst das einsame Waldgebiet zwischen Baden-Baden und Freudenstadt, wo die Siedlungen Viehläger, Aschenplatz oder Kohlwald heißen, wird schick: Kaiserin Sissi, wird gemunkelt, speist auf ihren legendären Ausritten inkognito in den Wirtshäusern der Holzfäller und Fuhrleute. Sie avancieren schnell zu Kurhäusern und an Mummelsee und Hornisgrinde entstehen Kurhotels,

Oben: Max Grundig machte das »Schlosshotel Bühlerhöhe« zu einer der feinsten Adressen Deutschlands. Milliardär Dietmar Hopp hatte damit später wenig Freude, 2010 verkaufte er das unrentable und sanierungsbedürftige Haus an eine nicht genannte Gruppe von »Mäzenen«. Unten: In 600 bis 1000 Metern Höhe führt die Schwarzwaldhochstraße von Baden-Baden bis Waldshut.

2010 wurde Freudenstadts Hotel-Klassiker »Palmenwald« nach jahrelangem Dornröschenschlaf wachgeküsst. Über fünf Millionen Euro waren für die Sanierung der denkmalgeschützten Jugendstilgebäude aus dem Jahr 1895 nötig.

als 1891 der Aussichtsturm auf der Badener Höhe eröffnet wird und bald die ersten Skifahrer die Gegend unsicher machen.

Auf der einsamen Bühlerhöhe lässt die Offizierswitwe Hertha Isenbart 1911 ein prunkvolles Offiziersgenesungsheim bauen. Es wird als Schlosshotel zu einer der ersten Adressen Deutschlands – aber abgelegen ist es noch immer: Italiens Ministerpräsident Berlusconi storniert seine Buchung zum NATO-Gipfel 2009: Die Anreise durch den Wald ist den Sicherheitskräften zu gefährlich. Noch 1921 führt das Automobilturnier der Baden-Badener Zigarettenfabrik Batschari über einen abenteuerlichen Holzweg zum Plättig: Erst ab 1930 wird die Schwarzwaldhochstraße gebaut. Begleitet von erfolglosen Naturschutzprotesten arbeiten sich Wehrmacht und »Organisation Todt« 1937 ungeniert im gerade erst ausgewiesenen Naturschutzgebiet am Schliffkopf zum Kniebis vor. Heute ist die B 500 die Nummer 1 unter den Tourismusrouten des Schwarzwalds.

Jenseits des Kniebis entwickelt sich Freudenstadt zum Kurort, als 1879 die Gäubahn anrollt. Als besondere Attraktion baut die Stadt einen Aussichtsturm auf ihren Hausberg, den Kienberg. Ihren Wald ringsum macht sie zum Parkwald und an der Landstraße nach Lauterbad entsteht das Kurviertel mit dem Fürstenhotel »Waldlust«. Das Ensemble gefällt dem

Stuttgarter Unternehmer und Sozialreformer Paul Lechler: 1890 erwirbt er ein riesiges Areal am Kienberg, stiftet eine Kapelle, ein Erholungsheim für Diakonissinnen und die gemeinnützige Aktiengesellschaft zur Errichtung des christlichen »Kurhauses Palmenwald«, das bald zum renommierten Hotelklassiker aufsteigt.

Südlich der Stadt präsentiert sich der Ortsteil Lauterbad als exklusives Wellness- und Beauty-Dorf. Hier hatte sich ein württembergischer Beamter 1721 drei Heilquellen und das Recht gesichert, ein Bad zu betreiben und Gäste zu bewirten. Rund um Gut Lauterbad entwickelt sich ein kleiner Kurort, der sogar die Kantine der Eisenbahnarbeiter zum Ferienhotel adelt. Lauterbad wird zum Zankapfel in Freudenstadts Kommunalpolitik, als der Schweizer Hotelentwickler Charles Fessel dort für 60 Millionen Euro ein Fünf-Sterne-Resort bauen will. 2010 liegt das Projekt auf Eis, Fessel macht stattdessen Garmisch fit für Olympia.

Freudenstadt steckt mitten im Strukturwandel: Die Deutsche Post hat ihr 80 Jahre altes Erholungsheim verkauft, aus dem repräsentativen »Postillion« werden Eigentumswohnungen und aus seinem Park ein Villenviertel. Das einstige Nobelhotel »Waldlust« an der Lauterbadstraße steht seit Jahren leer, ehrenamtliche Denkmalschützer versuchen es vor dem Verfall zu bewahren. Das benachbarte »Palmenwald« hat die bulgarische Hotelkette Sharlopov 2010 wieder eröffnet.

Ski und Rodel gut?

Ein verrückter Urlauber aus Heidelberg sorgt im Februar 1891 für Furore am Feldberg: Auf Schneeschuhen steigt Dr. Pilet, französischer Diplomat in norwegischen Diensten, vom Höllental zum Feldberger Hof auf. Der leutselige Tourist bringt auch den Todtnauern, die schon jede Zeile über Fritjof Nansens Grönlanddurchquerung verschlungen haben, das Schneeschuhfahren bei – so hieß das Skifahren damals – und schon im Herbst gründen sie Deutschlands ersten Skiclub mit Fritjof Nansen als Ehrenmitglied.

Der Feldberger Hof eröffnet den ersten Skiverleih und serviert zum Festbankett des Skiclubs Grönländer Wal in Trantunke. Todtnaus Schneider nähen Wintersportkleidung, Bürstenblättler liefern die Bretter und Schnefler die Stöcke dazu. 1892 stellt Karl Köpfer in Bernau neben seinen Krauthobeln die ersten Ski der Marke Feldberg her. Sie kosten ein Drittel weniger als die aus Norwegen und das erste von über 10 000 Paar, die mit kaiserlichem Patent verkauft werden, soll Glanzstück des geplanten Museums in **Bernau**-Kaiserhaus werden.

1908 eröffnet Gastwirt Robert Winterhalder in Schollach den ersten Skilift der Welt für seine asthmakranken Kurgäste. Damit werden Ski und Rodel zum Breitensport für das traditionelle Erholung suchende

Oben links: Olympiasieger und Weltmeister sind die 210 Treppenstufen zum Start auf der Schonacher Langenwaldschanze emporgeklettert: Ende Januar wird in Schonach der Schwarzwaldpokal FIS Weltcup der Nordischen Kombination ausgetragen. Oben rechts: In hohen Ehren hält das Schwarzwälder Skimuseum in Hinterzarten das Modell der alten Adlerschanze. Sie war die Hausschanze von Georg Thoma, der mit seinem Olympiasieg 1960 die Vorherrschaft der Skandinavier in der Nordischen Kombination durchbrochen hat. Unten links: Der zugefrorene Titisee lädt zum Spazierengehen, Eisstockschießen und Schlittschuhlaufen ein.

Schwarzwaldpublikum, das nicht so fit ist wie die Sportskanonen. Der Spitzensport der Skiclubs jedoch macht den Schwarzwald überregional bekannt – die erste Deutsche Meisterschaft zwischen Belchen und Feldberg lockt 1900 Gäste aus dem ganzen Reich an. Die Vereine bauen erste Sprungschanzen, in den 20er-Jahren entstehen die Adlerschanzen in Schönwald und **Hinterzarten** und die Langenwaldschanze in Schonach. 1930 haben allein in Baden 40 Wintersportorte eigene Sprungschanzen. Das heutige Adler-Skistadion in Hinterzarten ist ein modernes Trainingszentrum, auf dessen Schanzen der Nachwuchs aus dem Skiinternat Furtwangen seine ersten großen Sprünge macht. Seit 1984 bietet es jungen Menschen wie Martin Schmitt, Sven Hannawald und Olympiasieger Georg Hettich die Chance, Schule und sportliche Karriere zu verbinden.

Seit 20 Jahren lässt der Klimawandel die Skisaison im Schwarzwald zusammenschmelzen. Dafür werden Sommerskispringen auf Keramikkacheln und Kunststoffmatten in Bad Griesbach und Hinterzarten zur neuen Attraktion, Todtnau baut eine 2900 Meter lange schienengeführte Allwetter-Rodelbahn. Der Winter 2006/2007 ist sogar für die Schneekanonen zu warm. Die Lifte stehen still und die Hotels bleiben leer. Im Frühjahr sorgt der Skiclub Todtnau für heiße Diskussionen: In 1000 Metern Höhe will er am Hochkopf die größte »Indoor-Skihalle« der Welt bauen. Doch wie drei Jahre zuvor bei Sasbachwalden im Ortenaukreis wird das Megaprojekt als unverträglich mit Natur, Umwelt und sanftem Tourismus rasch beerdigt.

Im Sommer bringen die Skilifte am Mehliskopf Fahrgäste auf die »Bobbahn«, wo die Schlitten auf Stahlrohren zu Tal sausen und neuerdings auch dreirädrige Bull-carts, für die eine exklusive Schotterpiste eingerichtet ist.

Das badische Davos

Während Ende des 19. Jahrhunderts die ersten Skifahrer den Schwarzwald erobern, suchen Tausende von Tuberkulosekranken Heilung in den Bergen. In den Grandhotels der exklusiven Badeorte sind aber selbst

In 800 Metern Höhe an Schwarzwaldhochstraße bei der Hornisgrinde: Bei der klassischen winterlichen Inversionswetterlage baden die Höhenzüge über den nebligen Kaltluftseen der Täler in der Sonne.

prominente Schwindsüchtige eher ungern gesehen, zumal sie wie der Tod des Schriftstellers Anton Tschechow in Badenweiler für Negativ-Schlagzeilen sorgen: Thermalbäder sind wirkungslos gegen die »weiße Pest«, Lungenärzte setzen stattdessen auf die heilende Wirkung klarer Gebirgsluft. Nach dem Vorbild des Schweizer Davos wird in Todtmoos der Sanatoriumspalast Wehrawald gebaut. Hier rollt in der Kaiserzeit der Rubel russischer Patienten. St. Blasien eröffnet Deutschlands höchstgelegene Lungenklinik und die Wetterbeobachtungen des Schömberger Kurarzts führen zum internationalen Schlagabtausch in der Fachpresse, als deutsche Meteorologen Schömbergs Klima besser bewerten als das in Davos.

In **Schömberg** lässt der lungenkranke Erfurter Kaufmann Hugo Römpler 1888 einen Gasthof zum Kurhaus umbauen, eröffnet Württembergs erste Lungenheilanstalt und ein Sanatorium für bessere Kreise. Kassenpatienten verbringen die monatelange Kur in einfachen Privatunterkünften und für nicht versicherte Mittelständler errichtet der »Volksheilstättenverein« 1907 die »Charlottenhöhe« mitten im Wald.

In Nordrach lässt sich 1891 der Sozialist und Mediziner Otto Walther mit seiner Frau Hope Adams nieder, der ersten Frau, die im Kaiserreich eine ärztliche Zulassung hat. Ihr Sanatorium besuchen prominente Sozialisten wie Klara Zetkin und August Bebel, während betuchte Patienten aus Frankreich und England Nordrachs neues Kurhaus und das luxuriöse Sanatorium im Winkelwald aufsuchen und die orthodoxe jüdische Rothschild-Klinik Patientinnen aus ganz Europa betreut, bevor Ärzte, Schwestern und Kranke nach Auschwitz verschleppt und ermordet werden.

Nach dem Krieg schnellen die TBC-Erkrankungen hoch. Schömberg ist 1962 Deutschlands größter Lungenkurort mit mehr als 800 000 Übernachtungen. Zehn Jahre später sind es nur noch halb so viele: Antibiotika haben die Seuche besiegt. Sanatorien wandeln sich zu Tagungsstätten, Internaten oder Reha-Einrichtungen, veraltetete Häuser schließen und im historischen Jugendstilgebäude des Waldsanatoriums residiert heute eine Psychosomatische Klinik.

Schwarzwald für alle

Urlaub ist Anfang des 20. Jahrhunderts ein Privileg von Staatsdienern, leitenden Angestellten und Selbstständigen, deren Berufsverbände im Schwarzwald einfache Erholungsheime errichten: Handwerker in Bad Sulzburg, Lehrer in Freiersbach im Renchtal, die spätere ÖTV nebenan in Sulzbach.

Nach dem Ersten Weltkrieg ist der Schwarzwald das ideale Ziel für Gäste mit wenigen Urlaubstagen und schmalem Geldbeutel: Sie kommen mit der »Schwarzwaldpost« und den »Kraftpost«-Omnibussen der Automobilfabrik Gaggenau und übernachten in Naturfreundehäusern, Jugendherbergen und Schullandheimen. Über 120 Erholungsheime stellen 1925 fast die Hälfte aller Gästebetten in Baden.

Im Museumsgasthaus Arche in **Furtwangen** kann man heute einen Hauch 50er-Jahre-Tourismus aus der Zeit schnuppern, als Ferienwohnung, Camping und Urlaub auf dem Bauernhof modern werden und die Sozialversicherung Millionen Menschen in den Schwarzwald bringt. Die Versicherungen übernehmen so-

Immobilie mit Kultcharakter: Der »Carlsbau« im Glottertal ist zu verkaufen. Die Sanierungskosten für die morbide Jugendstilpracht der einstigen »Schwarzwaldklinik« werden auf mehrere Millionen Euro geschätzt.

Herbstsonne in Baden-Baden – für Jung und Alt.

gar einstige Nobelkliniken wie das legendäre »Sanatorium Glotterbad«. Heilende Quellen, mildes Klima und ein geschäftstüchtiger Investor hatten es Anfang des Jahrhunderts zur Côte d'Azur des Schwarzwalds gemacht. Im südländischen Flair des Glottertals kuren Siemens, Oetker, Reemtsma und Stinnes. 1960 kauft die Rentenversicherung das Haus mitsamt dem »Carlsbau«, in dem 25 Jahre später Professor Brinkmann vor Millionen Fernsehzuschauern operiert. Die laut ZDF erfolgreichste Serie der deutschen Fernsehgeschichte lockt Busladungen von Fans ins Glottertal und angeblich bewerben sich sogar promovierte Chirurgen in der »Schwarzwaldklinik«, die nicht einmal einen OP-Saal besitzt.

Im Krankenscheinboom der 60er-Jahre verbuchen die Heilbäder und Kurorte im Schwarzwald zehnmal so viele Übernachtungen wie alle übrigen Erholungsorte und die Stadt Freiburg zusammen. Die Sparmaßnahmen im Gesundheitswesen treffen den Schwarzwald dann auch härter als irgendeine andere Region. 1982 fällt die Zahl der Kuranträge bei den Kassen um mehr als ein Viertel und die Reformen der 90er-Jahre kosten erneut Tausende von Arbeitsplätzen. Kliniken schließen, Gastronomie, Handwerk und Lebensmittelbetriebe büßen Großaufträge ein.

Die Kurorte haben das Krankenschein-Image abgelegt: Badhotels heißen jetzt Spa, Gesundheitsangebote Medical Wellness und das Wannenbad wird zum Genuss-Event. Wie einst der Bauer im »Fressbädle« sitzt der Gast stundenlang im Zuber, aber inklusive Champagner und Vier-Gänge-Menü. Bad Dürrheim präsentiert sich als Club-Kurort. Vom Solebad bis zum fernöstlichen Qi-Gong bucht der Gast hier all-inclusive und das historische

Kindersolbad, das nach den Kürzungen bei Mutter-Kind-Kuren schließen musste, soll zum Vier-Sterne-Tagungs- und Wellness-Hotel werden.

Unter dem Motto »Sonne ist gut – Schwarzwaldklima ist besser« kämpft der Ferienkatalog 1984 gegen sinkende Übernachtungszahlen. Denn nicht nur Gäste auf Krankenschein bleiben weg: Im Sommer lockt die Adria, im Winter fällt zu wenig Schnee, das Waldsterben kratzt an der Idylle der heilen Natur und Traditionshotels müssen erkennen, dass historischer Glanz modernen Komfort nicht ersetzt.

Quo vadis, Schwarzwald? Diese Frage bewegt fast jeden, denn am Fremdenverkehr hängen nach Berechnungen der Schwarzwald Tourismus Gesellschaft über 600 000 Arbeitsplätze. 2009 kommen 6,5 Millionen Gäste in den Schwarzwald. Das sind zwar mehr als je zuvor, aber sie bleiben nicht mehr zwei Wochen, sondern im Durchschnitt knapp drei Tage: Schwarzwald ist, »wo man früher mit den Eltern Urlaub gemacht hat«, beschreibt die ZEIT das Problem. Die ältere Generation der Eltern, die mehr Geld ausgeben kann als einst, ist zwar noch immer eine wichtige Zielgruppe für den Schwarzwald. Dort weiß man aber auch: Die Älteren von morgen sind die jungen Erwachsenen und Familien von heute. Sie lockt man nicht mit Bollenhut und Kirschtorte. In Waldkirch sorgt stattdessen Euro-

Im Winter Ski, im Sommer Mountainbike: Bad Wildbads »Bike-Park« an der Sommerbergbahn.

Wildwasser-Rafting auf der Murg.

pas längste Röhrenrutschbahn für den Kick, es finden internationale Mountainbike-Wettbewerbe in Kirchzarten oder Furtwangen statt, und rund um Tribergs Wasserfälle ist ein Naturerlebnispark mit Freiluftbühne, Kultplatz und Felsenmeer entstanden. Ob noch mehr oder gar zu viel daraus wird, ist seit Jahren umstritten: Eine Million zusätzliche Besucher verspricht das 80-Millionen-Euro-Projekt »Erlebniswelt Schwarzwald«: Überdacht und beheizt, mit Brauchtum und Handwerk im nachgebauten Schwarzwalddorf, Minibergbahn, Uhrenpark, Falknerei und Eventstadel. Kritiker fürchten ein Disneyland, Befürworter halten dagegen: »Der Gast will das so.«

Der Schlachtenlärm um touristische Großprojekte übertönt leicht, wie sich traditionelle Schwarzwaldattraktionen in aller Stille weiterentwickelt haben: Wandern kann man heute ohne Gepäck, es gibt zertifizierte Qualitätswege, Wanderinformationszentren mit geschulten Beratern, aber auch die »Nacht im Heubett« mit Katzenwäsche am Hofbrunnen oder Eseltrekking rund um den Titisee. Längst ist die Natur nicht mehr das einzige Wanderziel: Themenpfade erschließen Kultur, Geschichte und Arbeitswelt von der Weidewirtschaft bis zum Bergbau. Allein die Gästeführer und Schwarzwald-Guides der Naturparks bieten weit über 100 individuelle Wanderungen. Bei **Hinterzarten** präsentiert der Verein »Heimatpfad Hochschwarzwald« historische Handwerke wie Seilerei und Löffelschmiede ebenso wie das raffinierte Drahtseilsystem, mit dem sich ein Bauer einst mit Wasserkraft versorgte.

Damit auch computergestählte Kids Hauffs Märchen cool finden, jagt Baiersbronn sie bei der GPS-gestützten Geocache-Schatzsuche auf den Spuren des Holländer Michel durch den Wald. Der Erlebnisparcours NEST bei Oberried schickt junge Entdecker mit dem »Forscher-Rucksack« ins Naturschutzgebiet am Schauinsland und auf dem Feldberg-Steig kann man den »Hosentaschen-Ranger« ausleihen: Der elektronische Wegbegleiter verrät unterwegs in kleinen Kurzfilmen Geheimnisse von Flora und Fauna. Für Familien mit Kindern, Tages- und Radtouristen entsteht bei **Bad Rippoldsau** das Tal der Tiere: 2010 ziehen die ersten Bären im »Wolf- und Bärenpark« ein. Später kommen Gastronomie, Kultur- und Freizeitangebote am 35 Kilometer langen »Wolftal-Erlebnisradweg« von Wolfach bis hinauf zum Kniebis dazu.

Kapital Natur

»Rettet die Wutachschlucht!«, das steht 1954 auf 15 000 Plakaten im Schwarzwald, als eines seiner großartigsten Naturwunder einer Talsperre geopfert werden soll. Der Konflikt zwischen Wirtschaft, Naturschutz und Tourismus ist nicht neu in der Wutachschlucht, wo im 19. Jahrhundert der kleine, aber feine Kurort Bad Boll mit einem mondänen Hotel und romantischen Gondelfahrten auf einem künstlichen See floriert. All dies vernichten die stinkenden Abwässer der Papierfabrik in Titisee-Neustadt. Obwohl die Wutachschlucht 1939 Naturschutzgebiet wird, stoppt erst der Konkurs der Papierfabrik 50 Jahre später ihre Schmutzfrachten und an Bad Boll erinnert nur noch eine Kapelle.

Rund um die Wutachschlucht formiert sich der Naturschutz: Gegen die Papierfabrik zieht auch der Schwarzwaldverein zu Felde, der bei seiner Gründung durch Freiburger Industrielle und Gastwirte 1864 das Ziel hatte, »den Schwarzwald und seine angrenzenden Gegenden besser bekannt zu machen«. Wo es anfangs darum ging, die Schönheiten der Natur dem Menschen zu erschließen, muss man sie bald auch vor ihm schützen. 100 000 Besucher im Wildseemoor bei Gernsbach sind Erfolg und Bedrohung zugleich. Zum Schutz der empfindlichsten Bereiche werden nach langer Diskussion lieb gewordene Traditionswege zurückgebaut und attraktive neue eingerichtet.

Der Umgang mit dem Kapital Natur erhitzt die Gemüter. Der Straßenbau ist der härteste Zankapfel. Zehn Jahre lang streitet man über die Schwarzwaldautobahn, die das Nadelöhr B 31 im Höllental beseitigen soll. 1975 wird das Projekt beerdigt: Eine Umgehungstrasse ist im »Herrgottswinkel des Schwarzwalds« bei St. Peter und St. Märgen ebenso wenig durchsetzbar wie im Jostal,

Auf Bohlenwegen können Wanderer das Naturschutzgebiet am Hohlohsee im Nordschwarzwald erforschen. Die Moore bei Kaltenbronn bilden das größte naturbelassene Hochmoorgebiet Deutschlands.

wo schon von Widerstand mit der Schrotflinte die Rede ist.

Not amused sind die Tourismusmanager 1984 über eine Postkarte, die ein Schwarzwald-Mädel mit Gasmaske vor sterbenden Tannen ablichtet, zumal zwei Drittel der Bundesbürger ohnehin glauben, der Schwarzwald sei besonders stark vom Waldsterben betroffen. Eine Medienkampagne über die Vorzüge des Schwarzwaldklimas soll gegensteuern. Während man den Bergrennen nachtrauert, die jahrzehntelang Motorsportfans zum Schauinsland und an die Schwarzwaldhochstraße locken, muss manche Stadt ihr Kurprädikat vor den Autoabgasen in Sicherheit bringen: Baden-Baden verbannt den Durchgangsverkehr 1989 unter die Erde, später auch Bad Wildbad, Gernsbach und Schiltach.

Pläne für einen Nationalpark Nordschwarzwald scheitern in den 90er-Jahren am Widerstand von Gewerbe, Waldbesitzern und Kommunen, die ihre Entwicklung »unter einer Käseglocke« bedroht sehen. Stattdessen entstehen Deutschlands größte Naturparks, Schwarzwald Süd und Mitte/Nord. Mit zusammen 7400 Quadratkilometern sind sie dreimal so groß wie das Saarland. »Schützen durch Nützen« lautet das Motto: Es kommt dem Tourismus entgegen, der vom Erhalt der Schwarzwaldlandschaft profitiert und bietet den Bauern mit Erhaltung und Pflege dieser Landschaft neue Aufgaben und Überlebenschancen.

Nützliche Adressen

77855 **Achern**
Sensen- und Heimatmuseum Achern
Berliner Straße 31
Telefon (0 78 41) 2 92 99
www.sensenmuseum.de
info@achern-tourist.de

72275 **Alpirsbach**
Kloster und Klostermuseum
Klosterplatz 2
Telefon (0 74 44) 95 16-2 81
oder 5 10 61
www.alpirsbach.de
tourist-info@alpirsbach.de

Museum für Stadtgeschichte
Ambrosius-Blarer-Platz 2
Telefon (0 74 44) 95 16-2 81
oder 5 10 61
www.alpirsbach.de
tourist-info@alpirsbach.de

Flößerpfad und Wasserpfad
Telefon (0 74 44) 95 16-2 81
oder 5 10 61
www.alpirsbach.de
tourist-info@alpirsbach.de

Brauereimuseum Alpirsbach
Marktplatz 1
Telefon (0 74 44) 6 71 49
www.alpirsbacher-brauwelt.de
brauwelt@alpirsbacher.de

Alpirsbacher Glasbläserei
Krähenbadstraße 3
Telefon (0 74 44) 60 09
www.glasblaeserei-alpirsbach.de
glasblaeserei-alpi@online.de

72213 **Altensteig**
Museum im Alten Schloss
Altes Schloss
Telefon (0 74 53) 9 46 10 oder 13 60
www.altensteig.de,
www.dasaltensteigerle.de
touristinfo@altensteig.de

Monhardter Wasserstube
An der B 28
Telefon (0 74 53) 9 46 10
www.floesser-altensteig.de
touristinfo@altensteig.de

Streuobstpfad Altensteig-Walddorf
Telefon (0 74 58) 3 30
www.altensteig.de
touristinfo@altensteig.de

79415 **Bad Bellingen**
Oberrheinisches Bädermuseum
Alte Weinstraße 25
Telefon (0 76 35) 82 21 60 oder 81 19 38
www.bad-bellingen.de
museum@gemeinde.bad-bellingen.de

78073 **Bad Dürrheim**
Heimatstube im Salinengebäude
Luisenstraße 7
Telefon (0 77 26) 6 66-2 66
www.tourismus.badduerrheim.de
info@badduerrheim.de

76332 **Bad Herrenalb**
Kloster Herrenalb
Im Kloster 9
sowie Klosterpfad und
Quellenerlebnispfad
Telefon (0 70 83) 50 05 55
www.badherrenalb.de
Info@badherrenalb.de

Feierabendziegel-Sammlung Bernt
Im Kloster 2
Telefon (0 70 83) 50 05 55
www.museum-bad-herrenalb.de
info@museum-bad-herrenalb.de

75378 **Bad Liebenzell**
Themenpfad Waldhufendorf
Beinberg: Am Dorfplatz
Telefon (0 70 52) 40 81 01
www.bad-liebenzell.de

77740 **Bad Peterstal-Griesbach**
Ausstellung zur Heilbadgeschichte
im Hotel »Das Bad Peterstal«
Schwarzwaldstraße 40
Telefon (0 78 06) 98 60

Renchtäler Schwarzwald-Kulturhaus,
Tagelöhner- und Brennereimuseum
Ackerköpfle 1
Telefon (0 78 06) 9 84 50
www.bad-peterstal-griesbach.de
faisst@t-online.de

77776 **Bad Rippoldsau**
Wald-Kultur-Haus
Holzwald: Fürstenbergstraße 57a
Telefon (0 74 40) 91 39 40 oder 3 32
www.wald-kultur-haus.de
info@bad-rippoldsau-schapbach.de

Tal der Tiere
(Teileröffnung September 2010)
Schapbach,
Rippoldsauer Straße 36
Telefon (0 74 40) 91 39 40
oder (0 78 39) 91 99 12
www.bad-rippoldsau-schapbach.de
info@bad-rippoldsau-schapbach.de

79713 **Bad Säckingen**
Kavernenkraftwerk
Stollenweg 2
Telefon (0 77 63) 92 78-8 01 31
www.schluchseewerk.de
besichtigungen@schluchseewerk.de

Mineralienmuseum Villa Berberich
Parkstraße 1
Telefon (0 77 61) 5 68 30
www.bad-saeckingen-tourismus.de
tourismus@bad-saeckingen.de

75323 **Bad Wildbad**
Eberhardbad – Palais Thermal
Kernerstraße 1
Telefon (0 70 81) 30 32 23
info@staatsbad-wildbad.de

Heimat- und Flößermuseum
Calmbach, Bergstraße 1
Telefon (0 70 81) 93 01 11
www.bad-wildbad.de
touristik@bad-wildbad.de

76532 **Baden-Baden**
Friedrichsbad
Römerplatz 1
Telefon (0 72 21) 27 59 34
www.caracalla.de
info@carasana.de

Kloster Lichtenthal,
Klostermuseum
Hauptstraße 40
Telefon (0 72 21) 50 49 10
(9–10 Uhr)
www.abtei-lichtenthal.de
kontakt@abtei-lichtenthal.de

79410 **Badenweiler**
Römische Badruine
Ernst-Eisenlohr-Straße 4
Telefon (0 76 32) 79 93 00
www.badenweiler.de
touristik@badenweiler.de

72270 **Baiersbronn**
Hauffs Märchen-Museum
Alte-Reichenbacher-Straße 1
Telefon (0 74 42) 8 41 40
www.baiersbronn.de
info@baiersbronn.de

Wald-Kohle-Kultur
Schlossweg 24
Telefon (0 74 42) 8 41 40
www.wald-kohle-kultur.de
post@wald-kohle-kultur.de

Wanderinformationszentrum
Im Bahnhof Baiersbronn
Telefon (0 74 42) 1 80 08-0
www.baiersbronn.de
peter.stoll@baiersbronn.de

Lotharpfad
B 500 zwischen Schliffkopf und Kniebis
Telefon (0 74 49) 9 10 21
www.naturschutzzentren-bw.de
naz.ruhestein@
naturschutzzentren-bw.de

Glashütte Buhlbach
Schliffkopfstraße Glashütte
Telefon (0 74 42) 8 41 40
www.glashuette-buhlbach.de
info@glashuette-buhlbach.de

Kloster St. Gregor
Klosterreichenbach, Murgtalstraße 161
Telefon (0 74 42) 42 95
www.klosterreichenbach-evangelisch.de
Ev.Pfarramt-Klosterreichenbach@
t-online.de

79282 **Ballrechten-Dottingen**
Das Glashaus
Neue Kirchstraße 30
Telefon (0 76 34) 59 25 72
www.dasglashaus.com
das.glashaus@t-online.de

CH-4052 **Basel**
Papiermuseum
St.-Alban-Tal 37
Telefon 00 41 (61) 2 25 90 90
www.papiermuseum.ch
info@papiermuseum.ch

79872 **Bernau**
Ski-Köpfer-Ausstellung
Kaiserhausstraße 27
Telefon (0 76 75) 10 88
www.ski-koepfer.de
info@ski-koepfer.de

Uhrensammlung im Holzschneflerhof
Kaiserhausstraße 20
Telefon (0 76 75) 3 71
info@waelderuhren.de

Heimatmuseum Resenhof und
Forum Erlebnis: Holz
Oberlehen, Resenhofweg 2
Telefon (0 76 75) 16 00-30 oder -40
www.bernau-im-schwarzwald.de
resenhof@dorfart.de

77781 **Biberach**
Museum Kettererhaus
Hauptstraße 34
Telefon (0 78 35) 63 65-11
www.biberach-baden.de
tourist-info@biberach-baden.de

78176 **Blumberg-Zollhaus**
Sauschwänzlebahn + Eisenbahnmuseum
Bahnhofstraße 1
Telefon (0 77 02) 47 76 04
www.sauschwaenzlebahn.de
info@sauschwaenzlebahn.de

79283 **Bollschweil**
Bergbaulehrpfad Birkenberg
Wanderparkplatz zwischen
Bollschweil und St. Ulrich
Telefon (0 76 33) 80 19 39
www.birchiburg.de
info@birchiburg.de

78199 **Bräunlingen**
Kelnhofmuseum
Zwingelgasse 1
Telefon (07 71) 6 19 00
www.kelnhofmuseum.de
touristinfo@braeunlingen.de

79874 **Breitnau**
Glasbläserei
Höllsteig 76
Telefon (0 76 52) 90 10
info@hofgut-sternen.bestwestern.de

76646 **Bruchsal**
Deutsches Musikautomaten-Museum
Schloss Bruchsal
Telefon (0 72 51) 74 26 61
www.dmm-bruchsal.de

79256 **Buchenbach-Wagensteig**
Hansmeyerhof
Griesdobelstraße 18
Telefon (0 76 61) 39 65 40
www.hansmeyerhof.de
touristinfo@buchenbach.de

77830 **Bühlertal**
Geiserschmiede
Untertal: Hauptstr. 68
Telefon (0 72 23) 9 96 70
www.geiserschmiede.de
info@buehlertal.de

77815 **Bühl**
Baden-Badener Wildnispfad
Schwarzwaldhochstraße 1,
am Plättighotel
Telefon (0 72 21) 27 52 00
oder 93 16 63
forstamt@baden-baden.de

75365 **Calw**
Klostermuseum Hirsau
Hirsau, Calwer Straße 6
Telefon (0 70 51) 16 73 99 oder 5 90 15
www.calw.de
stadtinfo@calw.de

Gerbermuseum
Badstraße 7/1
Telefon (0 70 51) 16 73 99
ww.calw.de
stadtinfo@calw.de

Stellwerk I (ab Herbst 2010)
Bahnhofstraße 59a
Telefon (0 70 51) 2 05 41
www.schwarzwaldbahn-calw.de

Bauernhausmuseum Altburg
Altburg, Theodor-Dierlamm-Straße 16
Telefon (0 70 51) 9 62 15 69
willihanselmann@gmail.com

79875 **Dachsberg**
Mineralienmuseum Gottesehre
Vogelsang 14
sowie Bergbauweg, Friedrich-August-Grube, Köhlerei und Weidelehrpfad
Telefon (0 76 72) 99 05 11
www.dachsberg.de
tourist-info@dachsberg.de

72175 **Dornhan**
Heimat- und Schindelstüble
Busenweiler: Ölmühleweg 10
Telefon (0 74 55) 33 54 66
www.dornhan.de
ingrid.schatz@dornhan.de

72280 **Dornstetten-Hallwangen**
Besucherbergwerk Himmlisch Heer
Silberwaldstraße
Telefon (0 74 43) 9 20 30
www.bergwerk-hallwangen.de
info@bergwerk-hallwangen.de

77770 **Durbach**
Wein- und Heimatmuseum
Talstraße 36
Telefon (07 81) 4 21 53
www.museum-durbach.de
info@durbach.de

79871 **Eisenbach**
Heimatstube Eisenbach
Bei der Kirche 6
Telefon (0 76 57) 9 10 30
oder (0 76 52) 12 06 83 40
www.eisenbach.de
info@eisenbach.de

79215 **Elzach-Yach**
Heimatkundliche Wanderwege,
Hirtenweg
Telefon (0 76 82) 1 94 33
ov-oberprechtal@elzach.de
ov-yach@elzach.de

75331 **Engelsbrand Salmbach**
Waldhufen-Museum
Pforzheimer Straße 15
Telefon (0 72 35) 84 43
www.engelsbrand.de
gemeinde@engelsbrand.de

75337 **Enzklösterle**
Rußhütte, Köhlerweg und
Freilichtmuseum Rohnbachtal
Grillplatz am Rohnbach
Telefon (0 70 85) 75 16
www.enzkloesterle.de
info@enzkloesterle.de

77955 **Ettenheim**
Mühlenwanderweg
Telefon (0 78 22) 4 32 10
www.ettenheim.de
tourist-info@ettenheim.de

76275 **Ettlingen**
Ulmer Eisenbahnfreunde e. V.
Albtalbahnhof
Telefon (0 72 23) 80 08 61
www.uef-dampf.de
albtal@uef-dampf.de

79868 **Feldberg**
Naturschutzzentrum Feldberg
Dr.-Pilet-Spur 4
Telefon (0 76 76) 9 33 60
www.naturschutzzentren-bw.de
naturschutzzentrum@naz-feldberg.de

Glaskunst Altglashütten
Bergweg 4
Telefon (0 76 55) 4 94
www.schwarzwaldglas.de
info@schwarzwaldglas.de

Schnapshäusle und Museum
Bärental: Bahnhofstraße 3
Telefon (0 76 55) 3 41
www.gscheiter-beck.de
gscheiter-beck@t-online.de

76596 **Forbach**
Murgtäler Dorfmuseum
Bermersbach: Kirchstraße 15
Telefon (0 72 28) 3 90 oder 24 28
www.forbach.de
touristinfo@forbach.de

Schwarzenbach-Talsperre
L 83, 10 km südwestlich von Forbach

Rudolf-Fettweis-Kraftwerk
Werkstraße 5
Telefon (08 00) 2 03 00 40
www.enbw.com
besichtigungen@enbw.com

79348 **Freiamt**
Heimatmuseum, Bauernmarkt
Freihof 11
Telefon (0 76 45) 9 10 30
www.freiamt.de
heimatverein@freiamt.de

79098 **Freiburg**
Archäologisches Museum
Rotteckring 5
Telefon (07 61) 2 01-25 74
www.freiburg.de
arco-museum@stadt.freiburg.de

Naturmuseum
Gerberau 32
Telefon (07 61) 2 01-25 66
www.freiburg.de
naturkunde@stadt.freiburg.de

Augustinermuseum
Gerberau 15
Telefon (07 61) 2 01-25 31
www.freiburg.de
augustinermuseum@stadt.freiburg.de

Museumsbergwerk Schauinsland
79254 Oberried
Schauinslandstraße 390 (L 124)
Telefon (07 61) 2 64 68
www.schauinsland.de
steiber@schauinsland.de

72250 **Freudenstadt**
Waldgeschichtspfad
Schömberger Straße
Parkplatz Teuchelwald
Telefon (0 74 41) 86 47 30
www.ferien-in-freudenstadt.de
touristinfo@freudenstadt.de

Wasserpfad Christophstal
Unterer Marktplatz
Telefon (0 74 41) 86 47 30
www.ferien-in-freudenstadt.de
touristinfo@freudenstadt.de

Heimatmuseum Stadthaus
Auf dem Marktplatz
Telefon (0 74 41) 89 02 55
www.freudenstadt-tourismus.de
touristinfo@freudenstadt.de

Besucherbergwerk Heilige Dreikönige
und Bergbaupfad
Straßburger Straße 57
Telefon (0 74 41) 86 47 30
www.freudenstadt-tourismus.de
touristinfo@freudenstadt.de

79877 **Friedenweiler**
Rathaus Rötenbach
Hauptstraße 24
Telefon (0 76 54) 91 19 10
oder 50 34
www.friedenweiler.de
gemeinde@friedenweiler.de

78120 **Furtwangen**
Deutsches Uhrenmuseum
Robert-Gerwig-Platz 1
Telefon (0 77 23) 9 20 28 00
www.deutsches-uhrenmuseum.de
email@deutsches-uhrenmuseum.de

Rechnermuseum der Fachhochschule
Robert-Gerwig-Platz 1
Telefon (0 77 23) 9 20 21 84
www.hs-furtwangen.de
rechnermuseum@hs-furtwangen.de

Museum »Gasthaus Arche«
Katzensteigstraße 1
Telefon (0 77 23) 50 57 62
www.geschichtsverein-furtwangen.de
geschichtsverein-furtwangen@web.de

76571 **Gaggenau**
Stadtbibliothek
Hauptstraße 73
Telefon (0 72 25) 7 96 69
oder 96 25 21
www.gaggenau.de
touristinfo@stadt.gaggenau.de

Museum Haus Kast
Hörden: Landstraße 43
Telefon (0 72 25) 7 96 69
oder (0 72 24) 65 63 02
www.gaggenau.de
ruffritz@web.de

Michelbacher Heimatmuseum
Otto-Hirth-Straße 6
Telefon (0 72 25) 7 14 91
www.heimatverein-michelbach.de
kontakt@heimatverein-michelbach.de

Unimog-Museum
Rindeschwenderstraße 31
Telefon (0 72 25) 98 13 10
www.unimog-museum.de
info@unimog-museum.de

75391 **Gechingen**
Appeleshof
Kirchstraße 2/2
Telefon (0 70 56) 14 50
www.appeleshof.de
appeleshof@gmx.de

77723 **Gengenbach**
Flößerei- und Verkehrsmuseum
Grünstraße 1
Telefon (0 78 03) 37 64 oder 17 67
www.floesserei-museum.de
floessereimuseum@web.de
info@floesserei-museum.de

Mineralien-Galerie
Reichenbach, Kaiserstraße 14
Telefon (0 78 03) 49 72
www.stadt-gengenbach.de
tourist-info@stadt-gengenbach.de

76593 **Gernsbach**
Amtshofmuseum
Schlossstraße 37-39
Telefon (0 72 24) 65 49 97
oder 6 57 08 02
www.gernsbach.de
stadtarchiv.gernsbach@obertsrot.de

Waldmuseum Reichental
Reichental: Kaltenbronner Straße 35
Telefon (0 72 24) 29 25 oder 4 02 19
www.gernsbach.de
touristinfo@gernsbach.de

79286 **Glottertal**
Wein- und Waldlehrpfad
Telefon (0 76 84) 9 10 40
www.glottertal.de
tourist-info@glottertal.de

79733 **Görwihl**
Hotzenwaldmuseum
Marktplatz
Telefon (0 77 54) 7 08 10
www.goerwihl.de
touristinfo@goerwihl.de

79865 **Grafenhausen-Rothaus**
Brauerei Rothaus
Rothaus 2
Telefon (0 77 48) 5 22 96 00
www.brauereigasthof-rothaus.de
info@brauereigasthof-rothaus.de

77793 **Gutach**
Schwarzwälder Freilichtmuseum
Vogtsbauernhof
An der B 33, Vogtsbauernhof 1
Telefon (0 78 33) 9 38 80
www.vogtsbauernhof.org
info@vogtsbauernhof.org

78148 **Gütenbach**
Dorf- und Uhrenmuseum
Kirchstraße 41
Telefon (0 77 23) 93 06 11
www.guetenbach.de
info@dorfmuseum-guetenbach.de

Miniaturwelten FALLER
Kreuzstraße 9
Telefon (0 77 23) 65 10
www.faller.de
info@faller.de

77716 **Haslach**
Besucherbergwerk Segen Gottes
Schnellingen: Silberbergweg
Telefon (0 78 32) 70 61 72 oder 9 12 50
www.haslach.de
info@haslach.de, info@zur-blume.de

77756 **Hausach**
Modellbahnanlage
Eisenbahnstraße 52 a
Telefon (0 78 31) 96 60-0
www.schwarzwald-modell-bahn.de
info@schwarzwald-modell-bahn.de

Museum im Herrenhaus
Hauptstraße 1
Telefon (0 78 31) 79 75 oder 17 58
www.hausach.de
spinnerh@t-online.de

Erzpoche und Bergbaulehrpfad
Dorf: Hauserbachstraße 1
Telefon (0 78 31) 79 75
www.dorfer-erzbrueder-hausach.de
tourist-info@hausach.de

79837 **Häusern**
Kraftwerk Häusern, Schwarzatalsperre
Schwarzabruck 2
Telefon (0 77 63) 92 78-8 01 31
www.schluchseewerk.de
besichtigungen@schluchseewerk.de

79737 **Herrischried**
Freilichtmuseum und -bühne Klausenhof
Großherrischwand
Gerhard-Jung-Platz 1
Telefon (0 77 64) 92 00 41 oder 64 65
www.freilichtbuehne-klausenhof.de
info@herrischried.de

Glaswerkstatt und Glasträgerweg
Großherrischwand
Lindenweg 2
Telefon (0 77 64) 61 70
www.glaswerkstatt-herrischried.de
glaspuster@aol.com

79856 **Hinterzarten**
Schwarzwälder Skimuseum
Im Hugenhof
Telefon (0 76 52) 91 97-21 oder 98 21 92
www.schwarzwaelder-skimuseum.de
info@schwarzwaelder-skimuseum.de

Heimatpfad Hochschwarzwald
Hinterzarten
Wanderparkplatz am Bahnhof
Telefon (0 76 52) 12 06 60
www.heimatpfad.de
hinterzarten@hochschwarzwald.de

77749 **Hohberg**
Hohberger Bienenmuseum
Diersburg: Im Rathaus, Talstraße 9
Telefon (0 78 08) 39 99
www.bienenmuseum.de
info@bienenmuseum.de

78132 **Hornberg**
Mühlenwanderweg und Stadtmuseum
Hornberg
Werderstraße 15
Telefon (0 78 33) 7 93 44
www.hornberg.de
tourist-info@hornberg.de

Duravit Design Center
Werderstraße 36
Telefon (0 78 33) 7 01 14
www.duravit.de
designcenter@duravit.de

78183 **Hüfingen**
Römerbadmuseum
Schosenweg 1
Telefon (07 71) 60 09-24
www.huefingen.de
infoamt@huefingen.de

79837 **Ibach**
Bürstenmacher-Werkstatt
Oberibach 33
Telefon (0 76 72) 8 42 oder 4 14 30
gemeinde@ibach-schwarzwald.de

79400 **Kandern**
Heimat- und Keramikmuseum
Ziegelstraße 30
Telefon (0 76 26) 97 23 56
www.kandern.de
verkehrsamt@kandern.de

Kandertalbahn
Bahnhof
Telefon (0 76 26) 97 23 56
www.kandertalbahn.de
verkehrsamt@kandern.de

78126 **Königsfeld**
Dorfmuseum Buchenberg, Höfe- und Mühlenwanderweg
Dörfle 24
Telefon (0 77 25) 80 09 45
www.koenigsfeld.de
tourist-info@koenigsfeld.de

76456 **Kuppenheim**
Heimatmuseum Kuppenheim
Johann-Schaeuble-Straße 1
Telefon (0 72 22) 94 62-2 08
www.kuppenheim.de
stadt@kuppenheim.de

78730 **Lauterbach**
Kapfhäusle im Sulzbachtal
Vogtsbauernhof
Telefon (0 74 22) 94 97-30
tourist-info@lauterbach-schwarzwald.de

79853 **Lenzkirch**
Heimatstube im Kurhaus
Am Kurpark 2
Telefon (0 76 52) 12 06-84 00
www.lenzkirch.de
info@lenzkirch.de

72290 **Loßburg**
Heimatmuseum Altes Rathaus
Hauptstraße 15
Telefon (0 74 46) 95 04 60
oder 4 19 19
www.lossburg.de
WernerJoppek@swol.de

76359 **Marxzell**
Klosterruine Frauenalb
Klosterstraße
Telefon (0 72 48) 14 28
gemeinde@marxzell.de

79244 **Münstertal**
Kohlenmeiler Rotenbuck
Untermünstertal-Rotenbuck
Telefon (0 76 36) 7 07 40
www.muenstertal.de
touristinfo@muenstertal-staufen.de

Besucherbergwerk »Teufelsgrund«
und Bergbaupfad
Untermünstertal: Mulden 71
Telefon (0 76 36) 7 07 40 oder 14 50
www.besuchsbergwerk-teufelsgrund.de
bergwerk-teufelsgrund@gmx.de

Bienenkundemuseum Münstertal
Spielweg 55
Telefon (0 76 36) 7 07 40 oder 79 11 05
www.bienenkundemuseum.de
info@bienenkundemuseum.de

Schwarzwaldhaus
Untermünstertal: Kaltwasser 8
Telefon (0 76 36) 78 89 41
www.schwarzwaldhaus-muenstertal.de
Peter.R.Bert@gmx.de

Klosterkirche und -garten St. Trudpert
Telefon (0 76 36) 7 07 40
www.kloster-st-trudpert.de
touristinfo@muenstertal-staufen.de

Waldmuseum im Rathaus
Wasen 47
Telefon (0 76 36) 7 07 40
www.muenstertal.de
touristinfo@muenstertal-staufen.de

72202 **Nagold**
Museale Freilichtanlage Altensteigerle
Lindachstraße beim Viadukt
Telefon (0 74 52) 17 33

Archäologischer Wanderweg
Nagold-Jettingen und
Keltenhügel Krautbühl
Telefon (0 74 52) 6 81-1 35
www.nagold.de
tourismus@nagold.de

75387 **Neubulach**
Besucherbergwerk Hella-Glück und
Pochwerk
Ziegelbach
Telefon (0 70 53) 96 95 10 oder 73 46
www.bergwerk-neubulach.de
info@neubulach.de, stollen@online.de

Mineralienausstellung Kristallwelten
Marktplatz 1
Telefon (0 70 53) 96 95 10
www.neubulach.de
info@neubulach.de

75305 **Neuenbürg**
Besucherbergwerk Frischglück
Straße nach Waldrennach
Telefon (0 70 82) 79 28 60 oder 5 04 44
www.frischglueck.de
info@schloss-neuenbuerg.de

Schlossmuseum
Bahnhofstraße 34
Telefon (0 70 82) 79 28 60
www.schloss-neuenbuerg.de
info@schloss-neuenbuerg.de

77787 **Nordrach**
Obstbrennerweg
Telefon (0 78 38) 92 99-21
www.nordrach.de
touristen-info@nordrach.de

77784 **Oberharmersbach**
Historischer Speicher und Alte Mühle
Dorf 30
Telefon (0 78 37) 2 77
www.oberharmersbach.net
tourist-info@oberharmersbach.net

79254 **Oberried**
Kloster und Klosterbibliothek Oberried
Klosterplatz 3
Telefon (0 76 61) 98 20 80
www.klosterbibliothek-oberried.de
klosterbibliothek@web.de

Museumsbergwerk »Schauinsland«
siehe FREIBURG

Schniederlihof
Hofsgrund: Gegendrumweg 3
Telefon 07602 407
www.dreisamtal.de
lorenz.ludwig@t-online.de

77709 **Oberwolfach**
Mineralien- und Mathematikmuseum
Schulstr. 5
Telefon (0 78 34) 94 20
www.mima.museum
info@mima.museum

Besucherbergwerk Grube Wenzel
Frohnbach
Telefon (0 78 34) 8 58 12
www.grube-wenzel.de
info@grube-wenzel.de

77724 **Oppenau**
Klosterruine Allerheiligen
Lierbach
Telefon (0 78 04) 91 08 30
www.oppenau.de
info@oppenau.de

Renchtäler Heimatmuseum
Rathausplatz 1
Telefon (0 78 04) 91 08 30
www.oppenau.de
info@oppenau.de

Achat-Ausstellung
Lindenstraße 13
Telefon (0 78 04) 91 08 30
www.achate-schwarzwald.de
info@oppenau.de

77883 **Ottenhöfen**
Achertalbahn
Bahnhofstraße 2
Telefon (0 78 42) 30 86 40
www.achertaeler-eisenbahnverein.de
tourist-info@ottenhoefen.de

Mühlenwanderweg
Telefon (0 78 42) 8 04 44
www.ottenhoefen.de
tourist-info@ottenhoefen.de

72285 **Pfalzgrafenweiler**
Heimatmuseum Edelweiler
Edelweiler: Misse 1
Telefon (0 74 45) 85 18-27
www.pfalzgrafenweiler.de
info@pfalzgrafenweiler.de

75172 **Pforzheim**
Schmuckwelten
Westliche-Karl-Friedrich-Straße 68
Telefon (0 72 31) 99 44 44
www.schmuckwelten.de
info@schmuckwelten.de

Technisches Museum der
Schmuck- und Uhrenindustrie
Bleichstraße 81
Telefon (0 72 31) 39 21 26
www.technisches-museum.de
schiera@stadt-pforzheim.de

Schmuckmuseum
Jahnstraße 42
Telefon (0 72 31) 39 21 26
www.schmuckmuseum.de
schmuckmuseum@stadt-pforzheim.de

Edelsteinausstellung Schütt
Goldschmiedeschulstraße 6
Telefon (0 72 31) 2 20 01
www.schuett-schmuck-edelsteine.de
info@schuett-schmuck-edelsteine.de

Archäologischer Schauplatz Kappelhof
Altstädter Straße 26
Telefon (0 72 31) 39 37 11
www.pforzheim.de
tourist-info@ws-pforzheim.de

Bahnhof Weißenstein
Belremstraße 70
Telefon (0 72 31) 3 41 44 oder 76 79 69
www.eisenbahnfreunde-pforzheim.de
mail@eisenbahnfreunde-pforzheim.de

79736 **Rickenbach-Hottingen**
Energiemuseum Rickenbach
Im Schlag 4
Telefon (0 77 65) 92 00 17
www.energiemuseum-rickenbach.de
tourist.info@rickenbach.de

78628 **Rottweil**
Römerbad
Ecke Königstraße/Hölderstraße
Telefon (07 41) 4 94-3 30 oder -2 80
www.rottweil.de
tourist-information@rottweil.de

Salinenmuseum
Primtalstraße 19
Telefon (07 41) 4 94-3 30 oder -2 80
www.rottweil.de
tourist-information@rottweil.de

Dominikanermuseum
Am Kriegsdamm 4
Telefon (07 41) 76 62
www.dominikanermuseum.de
dominikanermuseum@rottweil.de

Pulverfabrik
Neckartal 187
Telefon (07 41) 49 42 80
www.rottweil.de
tourist-information@rottweil.de

77773 **Schenkenzell-Kaltbrunn**
Klostermuseum Wittichen,
Bergbau-Lehrpfad
Vorder-Wittichen 138
Telefon (0 78 36) 14 20 oder
86 20 oder 93 97 51
www.schenkenzell.de
tourist-info@schenkenzell.de

Mineraliensammlung
Gasthaus Martinshof
Telefon (0 78 36) 25 86
www.schenkenzell.de
tourist-info@schenkenzell.de

77761 **Schiltach**
Museum am Markt
Marktplatz 13
Telefon (0 78 36) 58 50
www.schiltach.de
touristinfo@schiltach.de

Schüttesägemuseum und
historischer Gamber
Hauptstraße 1
Telefon (0 78 36) 58 50
touristinfo@schiltach.de
www.schiltach.de

Hansgrohe Wasser-Bad-Design-Museum
und Aquademie
Auestraße 9
Telefon (0 78 36) 51 32 72
www.aquademie.de
aquademie@hansgrohe.com

CH-8226 **Schleitheim**
Gipsmuseum Oberwiesen
Hofwiesen 2
Telefon 0041 (79 74) 4 89 20
www.museum-schleitheim.ch
info@randental.ch

79418 **Schliengen**
Keramik-Kabinett
Schloss Bürgeln
Telefon (0 76 26) 2 37
www.schlossbuergeln.de
schlossbuergeln@gmx.de

79859 **Schluchsee**
Heimethus am Scheffelbach
Mattenweg 1
Telefon (0 76 56) 13 47
www.heimethus-scheffelbach.de
info@schluchsee.de

75328 **Schömberg**
Haus Bühler
Parkstraße 6
Telefon (0 70 84) 72 66
www.schoemberg.de
dieterwiedenmann@web.de

78136 **Schonach**
Uhrenpark
Untertalstraße 28
Telefon (0 77 22) 46 89
www.1weltgroesstekuckucksuhr.de
juergen-dold@t-online.de

79677 **Schönau**
Heimatmuseum Klösterle
Neustadtstraße 21
Telefon (0 76 73) 91 81 30
oder 8 81 10
info@belchenland.de

78141 **Schönwald**
Reinertonishof
Schwarzenbach 12
Telefon (0 77 22) 50 64
www.reinertonishof.de
reinertoni@t-online.de

79650 **Schopfheim-Gersbach**
Wald & Glas-Zentrum, Weidepark
und Wisentgehege
Wehratalstraße
Telefon (0 76 20) 2 27 oder
(0 76 22) 39 61 45
tourismus.gersbach@schopfheim.de

78713 **Schramberg**
Auto- und Uhrenwelt:
ErfinderZeiten: Auto- und
Uhrenmuseum,
Dieselmuseum,
Autosammlung Steim
Im Gewerbepark H.A.U.
Telefon (0 74 22) 2 93 00
www.auto-und-uhrenwelt.de
info@auto-und-uhrenwelt.de

Stadtmuseum im Schloss
Bahnhofstraße 1
Telefon (0 74 22) 29-2 68
museum@schramberg.de

Zeitreise-Rundgang
Telefon (0 74 22) 2 92 15

77889 **Seebach**
Naturpark Schwarzwald Mitte/Nord
Schwarzwaldhochstraße 2
Telefon (0 74 49) 9 10 21
www.naturschutzzentren-bw.de
naz.ruhestein@
naturschutzzentren-bw.de

Erzbergwerk Silbergründle
Telefon (0 78 42) 94 83 20
www.seebach.de
tourist-info@seebach.de

77960 **Seelbach**
's Glatze Mühle
Litschentalstraße 24
Telefon (0 78 23) 53 33
www.muehlenmuseum-schwarzwald.de
info@muehlenmuseum-schwarzwald.de

Geroldsecker Waffenschmiede
Litschental 111a
Telefon (0 78 23) 22 70
schwert1821@aol.com

79350 **Sexau**
Besucherbergwerk Carolinengrube
Eberbächle
Telefon (0 76 41) 9 39 10
www.carolinengrube.de
info@carolinengrube.de

79263 **Simonswald**
Mühlenrundweg Simonswäldertal,
Dorfmuseum Jockenhof
Obertalstraße 29
Telefon (0 76 83) 1 94 33
www.simonswald.de
simonswald@zweitaelerland.de

79872 **St. Blasien**
Museum St. Blasien, Glasgarten
Am Kurgarten 1-3
Telefon (0 76 72) 4 14-30
www.st-blasien.de
tourismus@stblasien.de

Dom
Fürstabt-Gerbert-Straße
Telefon (0 76 72) 4 14-30 oder 6 78
www.st-blasien.de
tourismus@stblasien.de

78112 **St. Georgen**
Deutsches Phonomuseum
Bärenplatz 1
Telefon (0 77 24) 8 71 94
www.deutsches-phono-museum.de
info@st-georgen.de

Heimatmuseum Schwarzes Tor
Bahnhofstraße 37
Telefon (0 77 24) 64 41
www.st-georgen.de
info@st-georgen.de

79274 **St. Märgen**
Kloster-Museum
Rathausplatz 1
Telefon (0 76 52) 12 06 83 90
www.kloster-museum.de
stmaergen@hochschwarzwald.de

79271 **St. Peter**
Kloster, Kirche, Bibliothek
Klosterhof 2
Telefon (0 76 60) 9 10 10
www.st-peter-schwarzwald.de
zentrale.scherer@
geistliches-zentrum.org

79219 **Staufen**
Keramik-Museum
Wettelbrunnerstraße 3
Telefon (0 76 33) 67 21
www.landesmuseum.de
keramikmuseumstaufen@
landesmuseum.de

77790 **Steinach**
Heimat- und Kleinbrennermuseum
Georg-Schöner-Straße 1
Telefon (0 78 32) 9 19 80
www.steinach.de
ketterer@steinach.de

Museumsspeicher Welschensteinach
Beim Sportplatz 2
Telefon (0 78 32) 23 92
www.welschensteinach.de
Josef-Merkel@t-online.de

79585 **Steinen-Endenburg**
Bauernhausmuseum Schneiderhof
Kirchhausen: Am Schneiderhof 6
Telefon (0 76 29) 15 53
www.bauernhausmuseum-
schneiderhof.de

79780 **Stühlingen**
Alphof Landmaschinen-Museum
Schlossbergsiedlung 7
Telefon (0 77 44) 9 21 20
www.hotel-rebstock.eu
hotel@rebstock.eu

Museumsmühle im Weiler
Blumegg-Weiler, K6597
Telefon (0 77 09) 2 54 oder
(0 77 44) 5 32 34
www.stuehlingen.de
urlaub@stuehlingen.de

79295 **Sulzburg**
Landesbergbaumuseum,
Bergbau-Wanderweg
Hauptstraße 58
Telefon (0 76 34) 56 00-40
www.sulzburg.de
tourist-info@sulzburg.de

79822 **Titisee-Neustadt**
Heimatstube Neustadt
Scheuerlenstraße 31
Telefon (0 76 51) 2 06-1 24
www.titisee-neustadt.de
vogelbacher@titisee.de

79856 **Titisee-Hinterzarten**
Museum für alte Landtechnik
Bruderhalde 31
Telefon (0 76 52) 98 21 36
www.alte-landtechnik.de
alois@schubnell.de oder
info@hochschwarzwald.de

79682 **Todtmoos**
Heimatmuseum Heimethus
Murgtalstraße 15
Telefon (0 76 74) 9 06 00
oder 88 70
www.todtmoos.de
info@todtmoos.net

Schaubergwerk Hoffnungsstollen
Todtmoos-Mättle
Telefon (0 76 74) 9 06 00
www.todtmoos.de
info@todtmoos.net

79674 **Todtnau**
Nessler-Ausstellung
Spitalstr. 1 (Eingang Feldberg-Str.)
Telefon (0 76 71) 4 20 oder 13 74
www.buersten-museum.de
info@buersten-museum.de

Bergbaupfad Mausboden
Talstation des Hasenhorn-Sessellifts

Glasbläserhof und Glasträgerweg
Aftersteg: Talstraße 6
Telefon (0 76 71) 80 50
www.glasblaeserhof.de
glasblaeserhof@t-online.de

78098 **Triberg**
Schwarzwaldmuseum
Wallfahrtsstraße 4
Telefon (0 77 22) 44 34
www.schwarzwaldmuseum.com
info@schwarzwaldmuseum.de

Eble Uhrenpark
Schonachbach 27
Telefon (0 77 22) 9 62 20
www.uhren-park.de
info@eble-uhren-park.de

75399 **Unterreichenbach**
Flößermuseum Unterreichenbach
Calwer Straße 56, Tannbergschule
Telefon (0 72 35) 93 33 11
www.unterreichenbach.de/floesserei.htm
info@unterreichenbach.de

78050 **Villingen-Schwenningen**
Franziskaner-Museum
Rietgasse 2
Telefon (0 77 21) 82 23 51
museen.villingen-schwenningen.de
franziskanermuseum@villingen-schwenningen.de

Heimatstube Herzogenweiler
Glaserstraße 4
Telefon (0 77 21) 2 62 75
museen.villingen-schwenningen.de
tourist-info@villingen-schwenningen.de

Heimat- und Uhrenmuseum Schwenningen
Kronenstraße 16
Telefon (0 77 20) 82 23 71
museen.villingen-schwenningen.de
heimatmuseum@villingen-schwenningen.de

Mauthe-Museum
Schwenningen: Neckarstraße 3
Telefon (0 77 20) 6 69 74
www.tourismus-vs.de/museen.html

Uhrenindustriemuseum
Schwenningen: Bürkstraße 39
Telefon (0 77 20) 3 80 44
www.uhrenindustriemuseum.de
info@uhrenindustriemuseum.de

78147 **Vöhrenbach**
Linachtalsperre + Kraftwerk
Linachstraße
Telefon (0 77 27) 5 01-1 15
www.voehrenbach.de
info@voehrenbach.de

Uhrmacherhäusle
Villinger Straße
Telefon (0 77 27) 70 05
www.voehrenbach.de
info@voehrenbach.de

Orchestrion im Rathaus
Friedrichstraße 8
Telefon (0 77 27) 5 01-1 15
www.voehrenbach.de
info@voehrenbach.de

72178 **Waldachtal**
Heimatmuseum Lützenhardt
Hauptstraße 6
Telefon (0 74 43) 96 34 40 oder 63 33
www.waldachtal.de
info@waldachtal.de

79183 **Waldkirch**
Elztalmuseum
Kirchplatz 14
Telefon (0 76 81) 47 85 30
www.elztalmuseum.de
info@elztalmuseum.de

Orgelbauersaal
Gewerbekanal 1
Telefon (0 76 81) 93 96
www.waldkircher-orgelstiftung.de
info@waldkircher-orgelstiftung.de

Edelsteinschleiferei Wintermantel
Elzstraße 2
Telefon (0 76 81) 60 14
august.wintermantel@t-online.de

Silberbergwerk + Bergbauwanderweg
Suggental: Talstraße
Telefon (0 76 81) 1 94 33
www.silberbergwerk-suggental.de
waldkirch@zweitaelerland.de

79664 **Wehr**
Textilmuseum Brennet
Im Hammer 2
Telefon (0 77 62) 80 09-4 89
www.brennet.de
museum@brennet.de

79677 **Wembach-Schindeln**
Segerhof
Hauptstraße 20
Telefon (0 76 73) 71 18 oder 91 81 30
www.wembach.de/segerhof.htm
info@wembach.de

79695 **Wieden**
Besucherbergwerk Finstergrund
Finstergrund 1
Telefon (0 76 73) 3 03 oder 72 76
www.finstergrund.de
info@finstergrund.de

Bergbaupfad Wieden-Utzenfeld
Telefon (0 76 73) 91 81 30
www.bergbau-schwarzwald.de
info@belchenland.com

72218 **Wildberg**
Kloster Maria Reuthin
Klosterhof
Telefon (0 70 54) 2 01 22
www.wildberg.de
kultur@wildberg.de

Schäferlauf und Themenweg
»Auf den Spuren des Schäfers«
schaeferlauf@wildberg.de

77709 **Wolfach**
Mineralienhalde
Clara Kirnbach
Telefon (0 78 34) 8 58 12
www.mineralienhalde.de
info@mineralienhalde.de

Glasmuseum Dorotheenhütte
Glashüttenweg 4
Telefon (0 78 34) 8 39 80
www.dorotheenhuette.de
info@dorotheenhuette.de

Flößer- und Heimatmuseum (ab 2011)
Hauptstraße 40 (im Schloss)
Telefon (0 78 34) 42 84
oder 83 53 53
wolfach@wolfach.de

Klausenbauernhof
Ippichen 1
Telefon (0 78 34) 4 76 39 oder 42 34
www.klausenbauernhof.de
info@klausenbauernhof.de

77736 **Zell am Harmersbach**
Fürstenberger Hof
Unterharmersbach: Steinrücken 5
Telefon (0 78 35) 63 69-47 oder 53 58
www.fuerstenberger-hof-museum.de
tourist-info@zell.de

Heimatmuseum Storchenturm
Am Kanzleiplatz
Telefon (0 78 35) 63 69-47
www.storchenturm-museum.de
tourist-info@zell.de

Zeller Keramik
Hauptstraße 2
Telefon (0 78 35) 7 86 20
www.zeller-keramik.de
info@zeller-keramik.de

79669 **Zell im Wiesental**
Wiesentäler Textilmuseum
Teichstraße 4
Telefon (0 76 25) 5 80
oder 92 40 92 oder 91 12 99
www.wiesentaeler-textilmuseum.de
mail@wiesentaeler-textilmuseum.de

Eine Übersicht der noch bestehenden
Mühlen und Mühlenwanderwege
im Schwarzwald finden Sie unter:

Deutsche Gesellschaft für Mühlenkunde
und Mühlenerhaltung (DGM)
www.muehlen-dgm-ev.de/pages/
index.php

Ortsregister

Schwarzwald